Erfolgreiche
Personalgewinnung
und Personalauswahl

PRAXIUM-Verlag
Kalchbühlstr. 50
CH-8038 Zürich
Tel. + 41 44 481 14 64
Fax. + 41 44 481 14 65
www.praxium.ch
mail@praxium.ch

Norbert Maier

Erfolgreiche Personalgewinnung und Personalauswahl

Von der Personalsuche über die Kandidatenanalyse
und Einstellung bis zur Einführung mit zahlreichen
Arbeitshilfen und Vorlagen.

PRAXIUM-Verlag, Zürich

Der Autor

Norbert Maier ist Personalleiter mit breiter Erfahrungspraxis in der Personalrekrutierung und hat zahlreiche Projekte der Personalgewinnung betreut. Als langjähriger Berater kennt er zudem die KMU-Anforderungen aus eigener Erfahrung.

ISBN: 978-3-9523246-4-6

4. Auflage 2011

Copyright © Praxium-Verlag, Zürich
Alle Rechte vorbehalten
Umschlaggestaltung: Wilbers Grafik- und Druckservices, www.wilber.ch

Inhaltsverzeichnis

Vorwort

Die tiefgreifenden Veränderungen in der Arbeitswelt als Ganzes und im Human Resource Management im Besonderen betreffen in besonderem Masse auch die Personalauswahl und die Prozesse der Personalgewinnung. Die *Internationalisierung der Arbeitsmärkte* erfordert neue Strategien in den Suchmethoden und Selektionsverfahren. Der *Wertewandel der Arbeitnehmer* stellt höhere Ansprüche an die Kommunikation. Und das weiter an Bedeutung zunehmende *E-Recruiting* wird den Selektionsprozess und die Personalsuche als Ganzes noch weitgehender verändern. Dies sind nur einige Stichworte, weitere liessen sich anfügen.

Diese auf mehreren Ebenen ablaufenden Veränderungen führen vor Augen, wie wichtig ein ganzheitliches und aktuelles Know-how rund um das Thema Personalbeschaffung ist. Der Kosten- und Effizienzdruck in der Selektion und die Anforderungen an die Auswahlverfahren sind wiederum nur einige Beispiele dafür.

Entscheide von Stellenbesetzungen haben immer weitreichende Auswirkungen. Davon betroffen sind letztlich die Konkurrenzfähigkeit des Unternehmens, die Qualität der Leistungserbringung und die Produktivität, die Unternehmenskultur und das Arbeitgeber-Image auf dem Arbeitsmarkt. Es lohnt sich deshalb, die Suche nach neuen Mitarbeiterinnen und Mitarbeitern so professionell wie möglich anzugehen.

Dabei möchte Ihnen dieses Buch behilflich sein. Dies aber nicht mit ausschweifenden theoretischen Betrachtungen, sondern auf pragmatische und kompakte Weise mit Praxistipps, Formularen, Arbeitsinstrumenten, Fallbeispielen und Erkenntnissen, die sich schnell in Ihre HR-Praxis umsetzen lassen. Die Wahl und Ausführlichkeit der Kapitel orientiert sich dabei streng an der Praxisrelevanz der verschiedenen Rekrutierungsbereiche. Mit den Excel-Tools auf der CD-ROM möchten wir einen Mehrwert schaffen, der den Praxisnutzen für Sie zusätzlich verstärkt. Sie können damit am PC auf dem vertrauten MS Excel Rekrutierungskosten analysieren, Bewerber systematisch vergleichen oder Suchkanal-Erfolgskontrollen durchführen – um nur einige Beispiele der über ein Dutzend Tools zu nennen.

Nun wünschen Ihnen Verlag und Autor bei der Nutzung dieses Buches und der CD-ROM viel Erfolg – und die Erreichung eines Zieles, welches letztlich jede Rekrutierung hat: Ihre Vakanzen und neu geschaffenen Stellen mit den besten Mitarbeitern zu besetzen.

Verlag und Autor

Bedeutung und Stellenwert der Personalbeschaffung

Bedeutung und Stellenwert der Personalgewinnung

Viele Unternehmen sind sich der Bedeutung und dem hohen Stellenwert der Personalgewinnung nicht immer in der gesamten Tragweite bewusst. Zuerst einmal ist die Einstellung qualifizierter und zum Unternehmen passender Mitarbeiter – insbesondere bei Fachkräften und leitenden Angestellten – äusserst wichtig für die Unternehmenskultur, das Betriebsklima und das Niveau und die Qualität der Leistungserbringung. Werden beispielsweise aufgrund mangelhafter oder unsorgfältiger Auswahlverfahren demotivierte oder überforderte Mitarbeiter eingestellt, wirkt sich dies mehrfach aus:

- Ansteigen der Fluktuationsrate
- Verschlechterung des Arbeitsklimas
- Zeitliche Belastung des Teams und Managements
- Absorbierung von Energien durch Einführung
- Fluktuation von Firmen-Know-how
- Negative Einflüsse auf Kundenzufriedenheit und Reputation

Dies sind nur einige Beispiele und in krassen Fällen können Einstellungsfehler die Leistung ganzer Teams blockieren oder ein Arbeitsklima schädigen. Die andere Seite ist der Kostenaspekt. Fehlentscheidungen können je nach Suchaufwand und Stellenwert der Stellen im Unternehmen tausende bis zehntausende von Franken und Euros zur Folge haben, wenn man auch den Arbeitsaufwand dazurechnet. Beispiele der Kostenfaktoren:

- Anzeigen und Schaltkosten
- Zeitaufwand Auswahlprozess
- Kosten der Einführung
- Belastung der Personaladministration

Dann gibt es noch den langfristigen Aspekt, der die Unternehmenskultur und die Mitarbeitermotivation als Ganzes betrifft, wenn über eine längere Zeit zahlreiche fehlerhafte Einstellungen erfolgen. Ein Beispiel: Legt man zu wenig Wert auf die Grundhaltung und die Arbeitsmotivation oder ist man bei der Beurteilung der Führungsqualifikation bei Sozialkompetenzen zu wenig genau und professionell, können beispielsweise destruktiv eingestellte Mitarbeiter nach und nach ein ganzes Betriebsklima negativ beeinflussen. Unqualifizierte Führungskräfte können Fluktuationsraten verdoppeln oder das Leistungsniveau beeinträchtigen.

Der demografische Wandel und der Fachkräftemangel extern und intern die Mitarbeiterbindung und das Employer Branding sind wohl Trends mit grosser Bedeutung für die Personalbeschaffung.

Bedeutung der Qualifikation und Mitarbeiterbindung

Die Qualifikation, das Leistungsvermögen, die Bindungsbereitschaft und die Ausbildung des Personals ist ein kritischer Wettbewerbsfaktor geworden. Im Vorteil sind Unternehmen, deren Mitarbeiter die zunehmende Arbeitsdichte bewältigen, die steigenden Anforderungen an Qualifikation und Leistung erfüllen sowie das beschleunigte Innovationstempo und kürzere Veränderungszyklen mitgehen können. Es lastet zudem ein hoher Wettbewerbs- und Veränderungsdruck auf den Unternehmen, der an die Mitarbeiter weitergegeben wird. Gesucht werden immer ehr Mitarbeiter, die sowohl fähig als auch bereit sind, unter sich ständig verändernden Rahmenbedingungen Höchstleistungen zu bringen. Angesichts der Schere zwischen steigenden Anforderungen und dem Engpass beim Personalangebot wird es jedoch immer schwieriger, die passenden Bewerber zu finden, da auch deren Anforderungen und Erwartungen in den letzten Jahren gestiegen und anspruchsvoller geworden sind. Je passgenauer ein Unternehmen rekrutiert, desto erfolgreicher wird es diese Mitarbeiter an sich binden können - was ein wesentlicher Faktor ist.

Oft sind Unternehmen, die in der Lage sind, gute Mitarbeiter zu halten und zu entwickeln, auch bei der Personalauswahl im Einsatz ihrer Methoden und Instrumente fortschrittlich und innovativ. Unternehmen hingegen, die sich nicht aktiv um die Mitarbeiterbindung kümmern, riskieren die Abwanderung ihrer Know-how- und Leistungsträger. Die Folge ist, wie schon erwähnt, ein Abfluss von Wissen, der im schlimmsten Fall die Konkurrenz stärkt. Häufig lassen sich die entstandenen Lücken nur mit grossem Aufwand wieder schliessen. Und jedes Mal besteht das Risiko einer Fehlbesetzung und weiterer Fluktuation.

Employer Branding: Die Arbeitgeber-Reputation

In den Personalabteilungen steigt das Bewusstsein für das sogenannte Employer Branding zusehends. Nur leider wird es allzu häufig als Personalmarketing missverstanden oder schlicht mit "Recruiting-Kommunikation" und einer Flut anderer Begriffe verwechselt. Employer Branding positioniert ein Unternehmen nach innen wie aussen als Arbeitgeber-Marke, die eine Ausstrahlung, cine Reputation und ein Image hat und dem Arbeitgeber ein Profil gibt und Werte, die für Bewerber von Interesse sind und ihn als Arbeitgeber im Arbeitsmarkt interessant machen. Grundlage dafür kann eine Arbeitgebermarkenstrategie sein, die aus Unternehmensstrategie und Unternehmensmarke erwächst. Unternehmen schlüpfen sozusagen in die Rolle des Bewerbers und Nachwuchskräfte haben die Wahl und entscheiden sich für den Arbeitgeber, der Ihnen am attraktivsten erscheint und die grössten Chancen verspricht. Ein professionell entwickeltes Employer Branding verbessert nicht nur das Arbeitgeber-Image, sondern auch die faktische Arbeitgeberqualität, so dass die Wettbewerbsfähigkeit eines Unternehmens als Arbeitgeber insgesamt und nachhaltig gesteigert wird. Aus diesem Grund entfaltet es positive Wirkungen nicht nur im Bereich der Personalrekrutierung sondern wirkt sich auf den Erfolg vieler Unternehmensbereiche aus. Durchdachte und umfassend ausgestaltete und kommunizierte Employer Brandings beachten und beantworten viele zentrale Fragen von Bewerbern:

- Hat dieser Arbeitgeber ein gutes und positives Image?
- Widerspiegelt und belegt er meine Qualifikation und Persönlichkeit?
- Ist er in einer modernen und zukunftsrelevanten Branche tätig?
- Bietet er Aufstiegs- und Weiterentwicklungsmöglichkeiten?
- Wendet er moderne Technologien und Arbeitsinstrumente an?
- Ist er dynamisch, wachstumsorientiert und innovativ?
- Kann ich mich ganzheitlich als Mensch einbringen und entwickeln?
- Wird ein positives und respektvolles Menschenbild gepflegt?

Ansprüche von High Potentials

High Potentials sind Nachwuchskräfte mit grossem Entwicklungspotenzial. Sie weisen nicht nur einen vorzüglichen Studienabschluss vor, sondern oft auch Praxiserfahrung und ausgezeichnete Fremdsprachkenntnisse. Ausserdem sollen sie charakterlich für spätere Führungsaufgaben prädestiniert sein, das heisst, man verlangt von ihnen Teamfähigkeit, Kreativität und Kommunikationsstärke. Bei der Jobsuche achten High Potentials, aber zunehmend auch Führungskräfte und anspruchsvolle Arbeitnehmer und Kandidaten mit klaren Vorstellungen und Laufbahnzielen vor allem auf folgende Arbeitgeber-Qualitäten:

- positives, kommunikatives und aufgeschlossenes Arbeitsklima
- interessante, erfüllende und herausfordernde Aufgaben
- Weiterbildungs-, Förder- und Aufstiegsmöglichkeiten
- ausgewogene Work-Life-Balance mit konkreten Angeboten
- Vertrauenswürdigkeit, Reputation, Werteverständnis Arbeitgeber

Trends und Zukunft in der Personalbeschaffung

Es wird und wurde viel geschrieben und doziert von drastischem und tiefgreifendem Wandel des Arbeitsmarktes – Stichworte War of Talents, High Potentials, E-Recruiting und Globalisierung. Dass der Kampf um Bestqualifizierte zunehmen und die Globalisierung diesen Kampf noch verschärfen wird, dass das E-Recruiting Selektion, Kommunikation und Ablauf verändert – dies sind sicherlich Trends die die Art und Weise der Personalbeschaffung verändern werden.

Mitarbeitermotivation und Work-Life-Balance

Ebenfalls im Zentrum der Aufmerksamkeit sollte die Bedeutung der Mitarbeitermotivation stehen und die Bereitschaft, das Employer Branding, also die "Marke" Arbeitgeber bezüglich Profil, Charakter, Attraktivität und Image zu stärken und zu pflegen. Und was oft im Wirrwarr der Schlagwörter und oberflächlicher Modetrends unterzugehen droht: Die gestiegenen, veränderten und sich vom Materiellen entfernenden Ansprüche und Erwartungen von Arbeitnehmern an Stelle und Beruf. Letztes kann nicht mit Technologien und einigen Investitionen realisiert werden. Dies verlangt ein tiefgreifendes Umdenken, was sich in Unternehmens- und Führungskultur und Inhalten und Werten von Arbeit und Leistung und im Menschenbild und der gesellschaftlichen Rolle eines Unternehmens überhaupt in Zukunft verändern muss, um Mitarbeiter gewinnen zu können, die mehr erwarten und verlangen als eine volle Lohntüte und einen sicheren Arbeitsplatz. Doch auch der Stellenwert von Arbeit und Freizeit verändert sich, Stichwort Work-Life-Balance. Unternehmen, die auch hier punkten und diese Bedürfnisse erfüllen können – und zwar konkret mit entsprechenden Führungsstilen, mit konkreten Dienstleistungen und flexiblen Arbeitszeiten etwa – werden die guten Bewerber, Talente und Besten gewinnen und an sich binden können.

Talent Relationship Management

An Bedeutung gewinnen wird voraussichtlich auch das Talent Relationship Management, eine Methode, Mitarbeiter- und Bewerberqualifikationen kontinuierlich zu erfassen und benötigte bzw. vorhandene Talente früh zu erkennen. Eine solche Datenbank gibt einen Überblick über alle vorhandenen und potenziellen personellen Ressourcen. Hier werden etwa abgeschlossene Aus- und Weiterbildungen oder Laufbahnziele von Mitarbeitern systematisch und stets auf aktuellem Stand erfasst. So können Firmen sowohl Stellen intern optimal besetzen als auch gezielt extern Kontakte zu qualifizierten Bewerbern pflegen. Es steht zudem permanent ein grösserer Pool an qualifizierten Arbeitskräften zur Verfügung.

Diversity Management

Diversity beschreibt das Phänomen "Vielfalt": die Tatsache, dass sich Menschen in vielen Merkmalen unterscheiden (können). Dieser Trend wird durch die Internationalisierung der Arbeitsmärkte und multikulturelle Gesellschaften an Bedeutung gewinnen und sich auf die Personalbeschaffung auswirken. Einerseits wird die Personalbeschaffung für Diversity eine Schlüsselfunktion darstellen, da durch Neueinstellungen gezielt die Vielfalt einer Belegschaft erhöht werden kann und durch ihre Nutzung das Arbeitgeber-Image verbessert wird.

Demografische Entwicklung

Es weist vieles darauf hin, dass in den nächsten Jahren aufgrund der demografischen Entwicklung ein Arbeitskräftemangel entstehen wird und Mitarbeitende älter und länger arbeiten werden. Ein altersgerechtes und Mitarbeiter an das Unternehmen bindendes Personalmarketing ist wichtig und beginnt bereits bei der Rekrutierung, um sich auf diese Entwicklung adäquat einzustellen.

Proaktives Recruiting

Talente gewinnen, gute Mitarbeiter halten, die Kompetenzen in Schlüsselpositionen sicherstellen – Personal-Recruiters werden in Zukunft wohl stärker und vermehrt auch proaktiv tätig sein und die Arbeitsmärkte permanent analysieren und kennen müssen. Wer qualifizierte Kandidaten finden will, muss sie vermehrt aktiv suchen und kontaktieren, via Social Networks und andere Online-Plattformen. Immer wichtiger wird es vermutlich auch werden, Netzwerke mit potenziellen, talentierten und qualifizierten Kandidaten aufzubauen, zu unterhalten und zu pflegen und dort nach (künftigen) Mitarbeitern Ausschau zu halten.

Damit agiert der Recruiter und ist vorbereitet, bevor Vakanzen überhaupt entstehen und ist bei Bedarf sofort bereit. Recruiting beschäftigt sich immer weniger mit der Frage: "Wen suchen wir?" Die Frage der Zukunft heisst vielmehr: "Welche Zielgruppe suchen wir - und wo können wir Sie treffen?" Dahinter steht die Absicht, sich langfristig bei für das Unternehmen interessanten Zielgruppen zu positionieren, um im Bedarfsfall kurzfristig zu rekrutieren. Recruiter versuchen deshalb zunehmend, ihre Kandidaten unabhängig von Vakanzen kennenzulernen.

HR-Professionals als Businesspartner

Recruiters werden wohl zunehmend in Geschäftsprozesse eingebunden werden und das Geschäft und die Schlüsselkompetenzen kennen und beurteilen müssen, um bei der Personalgewinnung (Kandidatenanalyse, Interviews, Einstellungsentscheide) über die notwendigen Qualifizierungskenntnisse zu verfügen und die Kompetenzen von Bewerbern nichtig einschätzen und beurteilen zu können. Dabei werden sie zunehmend zu Beratern von Führungskräften und der Geschäftsleitung. Insbesondere bei der Personalgewinnung für das Top-Management wird es unumgänglich sein, die Geschäftsprozesse, die Anforderungen, die Kernkompetenzen und die Strategien des Unternehmens zu kennen, um die bestmöglichen Einstellungsentscheide fällen zu können und über das notwendige Geschäftsverständnis zu verfügen – gegenüber potenziellen Kandidaten, der Geschäftsleitung, den Bewerbern und der Personal suchenden Führungs- und Fachkräfte.

16

Vorbereitung und Ablauf einer Stellenbesetzung

Der Ablauf einer Stellenbesetzung

Der Ablauf einer Stellenbesetzung vom Entscheid, eine Stelle zu besetzen bis zur Einführung des neuen Mitarbeiters geht über mehrere Stufen, die von wichtigen Aktivitäten, Entscheiden und Zwischenschritten geprägt sind. Deshalb ist es von Vorteil, sich diesen Ablauf lückenlos und praxisnah vor Augen zu halten. Je nach Betriebsgrösse, Dringlichkeit des Stellenbesetzungsbedarfes und der Unternehmenskultur können solche Abläufe natürlich gekürzt, vereinfacht oder mit noch mehr Zwischenschritten versehen sein:

Anforderung

- Personalanforderung der Abteilung oder Geschäftsleitung
- Prüfung der Anforderung gemäss Personalplanung, Lohnkostenbudget, Arbeitsanalyse und Leistungsziele des Unternehmens
- Genehmigung der Anforderung

Besetzung

- Besetzung durch firmeneigenen Mitarbeiter möglich oder wünschenswert?
- Findet sich in früheren, nicht zu weit zurückliegenden Bewerberdossiers ein geeigneter Kandidat?
- Wird der Bewerber über das Arbeitsamt, eine interne Stellenausschreibung, Hochschule, Personalvermittlung oder eine Stellenanzeige gesucht?

Stellenanzeige

- Entwurf der Anzeige mit Personalberater und Abstimmung mit dem Anforderungsprofil und der Fachabteilung
- Wahl der Zeitung oder Zeitschrift (Region, Beachtung) resp. des Werbeträgers

Eingang

- Eingang der Bewerbungsunterlagen
- Sichten und Analysieren der Unterlagen
- Wahl geeigneter und ungeeigneter Bewerber
- Eventuell Wartebrief an geeignete Bewerber
- Absage an ungeeignete Bewerber
- Anforderung fehlender Daten

- Versenden des Personalfragebogens und der Firmenbroschüre oder eines Exemplars der Firmenhauszeitung
- Prüfung und Analyse der Unterlagen

Vorstellung

- Vereinbarung eines Vorstellungsgespräches, mit oder ohne Linienvorgesetzten
- Vorbereitung auf das Interview aufgrund der Bewerbungsunterlagen
- Fragenkatalog und wichtige Informationen
- Abschlussauswertung der in die engere Wahl kommenden drei aussichtsreichsten Bewerber

Entscheid

- Eventuelles Einholen von Referenzen
- Kandidatenentscheid, je nachdem nach drei bis sieben Vorstellungsgesprächen
- Einstellungsverhandlung, evtl. zweite Vorladung des Kandidaten
- Ausstellen des Arbeitsvertrages
- Aushändigung des Vertrages, der Firmenbroschüre, der Stellenbeschreibung

Internes

- Einrichten eines Personaldossiers
- Erfassung der Personaldaten
- Information des Einstellungsentscheides zu Händen Fachabteilung, Mitarbeiterinnen, Lohnabteilung, Kranken- und Sozialversicherungen, EDV, Personalabteilung

Die Abstimmung zwischen dem Personalmarketing und den Fachabteilungen und direkten Vorgesetzten, sowie die Schaffung eines besseren Bewusstseins für die Bedeutung des Personalmarketings bei den Entscheidungsträgern, sind für den Stellenbesetzungsprozess wichtige Aspekte. Dies betrifft vor allem einen kontinuierlichen Informationsaustausch, die erhöhte Sichtbarkeit des Personalmarketings im Unternehmen und im Arbeitsmarkt und die Einbindung des Human Resource Managements in die Unternehmensstrategie zur Erkennung künftiger und an Bedeutung gewinnender Qualifikationsanforderungen bei Neueinstellungen.

Kostensenkungs –und Zeiteinsparungspotenziale

Die Personalbeschaffung ist von den Aktivitäten und vom Prozess her sehr kosten- und zeitintensiv. Umso wichtiger ist es, die Kosten tief zu halten und zu überwachen und die Planung und Organisation zu optimieren. Dafür finden Sie in diesem Buch zahlreiche Planungshilfsmittel und Vorlagen.

Nutzen Sie insbesondere Testmöglichkeiten bei Medien mit hohen Anzeigenkosten und schalten Sie Stellenanzeigen in Medien, die möglichst zielgenau die gewünschte Kandidaten-Zielgruppe ansprechen. Solche Medien (Fachzeitschriften, Branchen- oder Berufspublikationen) haben oft markant tiefere Anzeigentarife. Hohe Kostenblöcke wie Schaltkosten in Printmedien, externe Berater und Vermittlungskosten und aufwendige Auswahlinstrumente wie Assessment Centers sind ganz besonders auf ihre Kosten-Nutzen-Leistung und den benötigten Zeitaufwand hin zu überprüfen. Konzentrieren Sie sich dabei auch auf die relevanten und wertschöpfenden Aktivitäten wie Kandidatenanalysen, Interviews, Entscheidungsprozesse, welche wichtiger sind als eine perfekte Administration.

Wichtig sind ferner strenge und detaillierte Erfolgskontrollen und Nutzenanalysen. Diese helfen Fehler korrigieren oder Schwachstellen erkennen und sind wertvolle Erfahrungswerte für spätere Personalsuchplanungen und -aktivitäten. Zwei Beispiele aus der Praxis: Sie schalten in einer überregionalen Zeitung mit hoher Auflage eine Stellenanzeige mit sehr hohen Kosten. Bei der Erfolgskontrolle stellen Sie aber fest, dass die Qualität der Bewerbungen, ein Grossteil der Interviews und dann auch der Einstellungsentscheid aus einem Universitäts-Aushang mit 10 Prozent der Printmedien-Schaltkosten kamen. Oder Sie stellen bei der Zeitplanung und –analyse fest, dass der Aufwand für die Bewerber-Korrespondenz unverhältnismässig hoch ist. Das Resultat der Analyse: Die HR-Sachbearbeiterin ist unsicher in der Handhabung der E-Mails und Datenformate und arbeitet ohne jegliche Vorlagen und Textbausteine. Dies kann den Zeitaufwand verdoppeln.

Zahlreiche Möglichkeiten bietet darüber hinaus auch das Online-Recruiting, seien es Online-Formulare oder interaktive Eignungsabklärungen. Auch Softwareprogramme bezüglich Bewerberadministration können viel Zeit einsparen helfen. Allerdings sind hier die Einrichtungs- und Anschaffungskosten je nach Ansprüchen recht hoch und lohnen sich erst ab einer gewissen Beschaffungshäufigkeit. Die folgenden Anregungen und konkreten Möglichkeiten sollen Ihnen helfen, Kosten und Zeitaufwendungen tief zu halten.

Kostensenkungs- und Effizienzsteigerungs-Möglichkeiten

	realisieren	prüfen	ungeeignet
Kostenreduktionen und -potenziale			
Konzentration auf Online-Stellenplattformen und -Kanäle			
Fachmedien gegenüber überregionalen Medien favorisieren			
Test-Kleinanzeigen schalten vor definitiven Schaltungen			
Möglichkeiten der internen Suche voll ausschöpfen			
Mini-Anzeigen mit Mehrinformations-Verweis auf Website			
Prägnante Anzeigen anstelle grosser Anzeigen mit viel Text			
Mitarbeiter-werben-Mitarbeiter-Programme initiieren			
Medienrabatte für Jahresvolumina aushandeln			
Zuerst Test-Online-Schaltung und dann ins Printmedium			
Externe Kosten genau vergleichen und offerieren lassen			
Detailliertes Kostenbudget führen mit Soll-Ist-Abweichungen			
Alternative Suchkanäle testen und im Vorfeld nutzen			
Zeiteinsparungen			
Gute Planung und Organisation mit genauem Zeitbedarf			
Erfolgskontrollen und Rekrutierungs-Controlling vornehmen			
Anforderungen klar, genau und realistisch aufzeigen			
Effiziente und automatisierte Korrespondenz			
Straffes und effizientes Bewerbermanagement			
Anzahl Interviews nach Weniger-ist-mehr-Prinzip			
Viele Vorab-Informationen (FAQ) auf Website anbieten			
Wo angebracht, Abwicklungen online und per E-Mail			
Zeitplanungsinterviews streng und konsequent einhalten			
Online-Bewerbungsformular zur Vorselektion einsetzen			
Grundsätzliche Eignungsabklärungen auf HR-Website			

Anforderungen an Anforderungsprofile

Das Anforderungsprofil spezifiziert die Arbeitsanforderungen, die an einen Mitarbeiter und Bewerber gestellt werden, nach Art und Umfang. Anforderungsprofile sind für die Suchaktivitäten, die Erstellung der Stellenanzeige, die Durchführung der Interviews und den Einstellungsentscheid eine wichtige Entscheidungsgrundlage und ein zuverlässiger "Kompass" während des gesamten Personalbeschaffungsprozesses.

In einem Anforderungsprofil müssen bei systematischer Vorgehensweise die körperlichen (wenn erforderlich), die geistigen, fachlichen und persönlichkeitsbezogenen Anforderungen an den zukünftigen Stelleninhaber aufgeführt sein. Das Anforderungsprofil beinhaltet also jene Anforderungen, die zur Erfüllung der Aufgabenstellung durch den Stelleninhaber notwendig sind. Je nachdem, wie stark eine Eigenschaft ausgeprägt sein muss, wird in Abstimmung mit dem Stellenwert und der zeitlichen Beanspruchung der Anforderung eine entsprechende Gewichtung vorgenommen.

Bei der Festlegung der einzelnen Anforderungen eines Arbeitsplatzes wird sich herausstellen, dass bestimmte Anforderungen wie z.B. Alter, Schulbildung, Berufserfahrung, Softwarekenntnisse, Sprachkenntnisse usw. von dem jetzigen oder zukünftigen Stelleninhaber unbedingt erfüllt werden müssen (*Muss-Anforderungen* oder unbedingte, unverzichtbare Anforderungen). Daneben gibt es Anforderungen, die vom Stelleninhaber bestmöglich erfüllt werden sollten (*Soll-Anforderungen* oder wünschenswerte, aber nicht zwingende Voraussetzungen). Neben den Anforderungen für die unmittelbare Leistung können das z.B. die Voraussetzung für eine optimale Integration eines neuen Mitarbeiters in die bestehende Arbeitsgruppe und das soziale Umfeld sein.

Beim Differenzieren nach *Muss-* und *Soll*-Kriterien kann eine Unterscheidung nach den folgenden vier Bereichen vorgenommen werden: 1. Fachkenntnisse (z.B. Spezialwissen über ein bestimmtes Verfahren), 2. Berufserfahrung (z.B. Produkt- oder Branchenerfahrung), 3. Fähigkeiten (z.B. Verhandlungsgeschick), Persönlichkeitseigenschaften (z.B. positives Menschenbild oder charismatische Ausstrahlung). Ein besonders gutes Beispiel für diese Unterscheidung sind die Fragen: Brauchen wir jemanden, der ein abgeschlossenes Studium mit einer bestimmten Spezialisierung nachweisen kann, oder geht es uns mehr um das konkrete Fachwissen, das ein neuer Mitarbeiter genauso gut durch Praxis oder durch zusätzliche Fortbildung erlangen kann?

Eine Hilfestellung bei der Ermittlung der Anforderungen und deren Ausprägungsgrad bietet der folgende thematisch gegliederte Fragenkatalog.

Art und Anzahl der Aufgabengebiete

- Anforderungen an Ausbildung, fachliches Wissen und fachliche Fähigkeiten. Ist für die Ausführung bestimmter Tätigkeiten eine spezielle Ausbildung erforderlich?
- Erfordern die Aufgaben Erfahrungen oder Branchenkenntnisse?

Komplexität der Tätigkeiten

- Verschiedenartigkeit, Veränderlichkeit und Kompliziertheit.
- Ist zur Lösung der Aufgaben Kreativität notwendig?
- Spezieller Ausbildungsstand und umfangreiche Erfahrungen auf dem Arbeitsgebiet?
- Ist zum Beispiel ein hohes Mass an Eigeninitiative erforderlich?
- Wie hoch sind die Anforderungen an die Fähigkeit logischen Denkens?
- Welche Bedeutung hat der Umgang mit neuen Medien (Internet) oder Software (Excel)?

Komplexität der Aufgaben durch Zusammenwirken mit internen und externen Stellen

- Wie hoch ist die Anzahl und welcher Art sind die Kontakte?
- Muss der Stelleninhaber z.B. leicht Zugang zu Kunden finden, muss er rasch überzeugen und nachhaltig Vertrauen gewinnen?
- Welche Bedeutung haben Kontakte und Teamzusammenarbeit?

Grad der Selbstständigkeit

- Erfordert die Aufgabenerfüllung ein hohes Mass an Selbständigkeit, Aktivität und Eigeninitiative?
- Besitzt die Stelle grosse Freiräume in der Gestaltung des Arbeitsablaufes, in der Lösungsfindung?
- Wie hoch ist die Anzahl von Regelungen, Richtlinien, Grundsätzen, Anweisungen und Kontrollen der Entscheidung und welcher Art sind sie?

Art und Grad der körperlichen und geistigen Belastung

- Verlangt die Tätigkeit einen Stelleninhaber, der auch bei grössten Anforderungen nicht in der Arbeitsleistung nachlässt oder dürfte jeder den Anforderungen hinsichtlich Belastbarkeit und Ausdauer genügen?

Art und Umfang der Verantwortlichkeiten

- Wie gross ist der Einfluss der Entscheidungen des Stelleninhabers auf Arbeitsergebnisse und -vorlagen anderer?
- Wie umfangreich und welcher Art sind die Befugnisse und Vollmachten aufgrund des Ermessensspielraumes sowie der Handlungsfreiheit?
- Welcher Anforderungsgrad wird an die Vertraulichkeit bestimmter Tätigkeiten gestellt?

Führung und Personalverantwortung

- Wem gegenüber hat der Stelleninhaber Weisungsbefugnisse und welcher Art sind diese (disziplinarisch, fachlich)?
- Verlangt die Aufgabenstellung eine genaue Festlegung der Ziele und optimale Steuerung der eigenen und der Arbeit der unterstellten Mitarbeiter?
- Welche Anforderungen werden an die Überwachung und Kontrolle des Arbeitsfortschrittes gestellt?
- Wie hoch sind die Anforderungen an die Fähigkeit zur Mitarbeiterführung (Motivation, Delegation, Beurteilung, Förderung)?
- Muss der Stelleninhaber durch seine Persönlichkeit überzeugen?

Art, Umfang und Häufigkeit von Vertretungsfunktionen

- Welcher Art ist die Vertretungsfunktion und wie häufig wird sie wahrgenommen?
- Welche Anforderungen werden dabei an den Stelleninhaber gestellt?

Die Gewichtung der Anforderungen

Da die einzelnen Stellenanforderungen einen unterschiedlichen Ausprägungsgrad besitzen, ist es notwendig, hier eine Gewichtung vorzunehmen. Die Gewichtung der Anforderungen sollte immer realistisch sein und der tatsächlichen Anforderungshöhe entsprechen. Wird zum Beispiel eine neu zu besetzende Stelle überbewertet und auch dementsprechend ein überqualifizierter Mitarbeiter eingestellt, so kann dies leicht zu Frustration und Unzufriedenheit führen. Liegt die Qualifikation des Bewerbers wesentlich unter den Anforderungen, so bedingt dies unter Umständen ganz erhebliche Einarbeitungs- und Schulungsinvestitionen.

Anwendungsmöglichkeiten eines Anforderungsprofils

Dem Anforderungsprofil der Stelle kann ein Fähigkeitsprofil des jetzigen oder zukünftigen Stelleninhabers gegenübergestellt werden. Der Profilvergleich dient in erster Linie der Lösung qualitativer Einsatzprobleme und ermöglicht:

* Systematisierung der Anforderungen in Übereinstimmung mit Aufgaben und Zielen
* Objektives Entscheidungs- und Vergleichsinstrument bei Kandidatenselektion
* Verfassen von Stellenanzeigen und Stellenbeschreibungen
* Eignungsüberprüfung für die innerbetriebliche Stellenbesetzung
* Überprüfung der Stellenbesetzung zur Ermittlung von Über- und Unterforderungen
* Analyse und Einleitung geeigneter Fortbildungs- und Förderungsmassnahmen.

Die Informationen aus der Abteilung, die Anforderungen aus den Stellenbeschreibungen und die Erstellung von Anforderungsprofilen stellt eine grosse Hilfe bei der Lösung personalpolitischer Probleme dar. So hilft das Anforderungsprofil in Verbindung mit der Stellenbeschreibung nicht nur bei der anforderungsgerechten Personalbeschaffung und beim Personaleinsatz, sondern kann auch bei personal- und lohnpolitischen Fragen als Grundlage dienen. Darüber hinaus lässt es auch z.B. erkennen, wo besondere Massnahmen im Rahmen der Arbeitssicherheit und des Unfallschutzes erforderlich sind.

Für die Aufstellung von Anforderungsprofilen stehen nur begrenzt messbare Daten zur Verfügung, so dass die Anforderungsermittlung im Allgemeinen aufgrund von subjektiven Beurteilungen und Schätzungen erfolgen muss. Auch die Gewichtung der Anforderungen zueinander kann nur vereinbart, aber nicht objektiv festgelegt werden. Bei der Ausarbeitung eines Anforderungsprofiles ist es zudem empfehlenswert, den die Stelle zur Zeit besetzenden Mitarbeiter einzubeziehen und nach Relevanz, Zeitbeanspruchung, Aktualität und spezifischen Anforderungen zu fragen, um ein möglichst praxisgerechtes Anforderungsprofil ausarbeiten zu können.

Das Excel-Tool "Anforderungsprofil" auf der CD-ROM und das nachfolgende Formular bieten in diesem Zusammenhang eine gute Hilfe, die den eigenen Bedürfnissen angepasst werden kann.

Beispiel eines ausformulierten Anforderungsprofils

Stelle: Assistentin Geschäftsleiter
Stellenantritt: 12.5.0X
Grundlage: Stellenbeschreibungen und Aktennotizen

Grundausbildung und Berufserfahrung

Grundausbildung
Kaufmännische Grundausbildung mit sprachlicher Ausrichtung und Abschluss mit Mindestnote 5 und guten Kenntnissen in Organisation und PC-Handhabung

Berufserfahrung
Mindestens drei Jahre praktische Berufserfahrung in gleicher oder verwandter Branche in den Bereichen Chefsekretariat oder Administration. Im Idealfall Erfahrungen in der Personaladministration.

Fachliche Anforderungen

Fremdsprachen
Englisch gute bis sehr gute Kenntnisse mündlich und schriftlich vor allem für Verhandlungen, Kundenkorrespondenz und Messen. Im Französisch genügen mündliche Grundkenntnisse.

Organisation und Planung
Sehr gute praktische und theoretische Kenntnisse und Erfahrung in Organisation und Planung von personellen Aufgabenstellungen, Betriebsanlässen, Kundenevents und Arbeitsabläufen und Projekten.

Softwarekenntnisse
Hohe Anforderungen in E-Mail, Excel und Word, mittlere in Powerpoint und Internet-Handhabung. Grundkenntnisse oder Weiterbildungsbereitschaft in Projektplanungs- und Datenbank-Software.

Kommunikation
Überdurchschnittlich gewandt und stilsicher im mündlichen und schriftlichen Ausdruck, insbesondere für einwandfreie Formulierungen von Konzepten, Protokollen und Reports nach Stichwort-Vorgaben des Geschäftsführers.

Sonstige Kenntnisse nicht prioritärer Art
Budgetierung und Kalkulation, Organisation von externen Kundenanlässen, Grundkenntnisse in der Personaladministration und in der Einsatzplanung.

Persönliche Anforderungen

Genauigkeit und Zuverlässigkeit
Hohes Mass an Genauigkeit und Zuverlässigkeit in Terminen, Berichten und Reports, Aufarbeitung von Zahlen und in fehlerfreiem schriftlichen Deutsch.

Belastbarkeit und Flexibilität
Auch unter Stress und Zeitdruck über mehrere Tage hinweg anspruchsvollere Aufgaben gut erledigen können. Flexibel vor allem in zeitlichen Bereichen und Art und Inanspruchnahme von verschiedensten Aufgaben.

Repräsentation und Persönlichkeit
Bei Kundenanlässen, Präsentationen und Messepräsenzen ist eine sympathische, positive Ausstrahlung sehr wichtig. Die Stelleninhaberin muss auf Kunden- und Geschäftspartnerbedürfnisse eingehen können, kommunikativ sein und ein hohes Mass an Glaubwürdigkeit und Authentizität aufweisen.

Arbeitsverhalten und Sozialkompetenzen

Selbständigkeit und Eigeninitiative
Infolge häufiger Abwesenheit des Geschäftsführers und im Interesse von dessen Entlastung ist ein hohes Mass an Selbständigkeit und Eigeninitiative vor allem in den Bereichen Personal- und Kundenumgang und in der Organisation und Administration von Projekten wichtig.

Kommunikationsfähigkeiten
Infolge des häufigen Kunden-, Personal- und Geschäftspartnerumgangs sind die Kommunikationsfähigkeiten äusserst wichtig. Gutes Eingehen auf Bedürfnisse, klare und überzeugende Augmentation und das Gewinnen und Erhalten von Vertrauen sind einige Beispiele.

Vorgesetztenbeziehung
Aufgrund der Persönlichkeit des Geschäftsführers und seiner Bedürfnisse und Erwartungen sind Charaktermerkmale wie hohe Kritikfähigkeit, Ausstrahlung und ein positives Menschenbild, hohes Engagement und Leitungsbewusstsein und eine liberale und anderen Kulturen gegenüber offene Grundhaltung wichtig.

Entwicklungspotenzial
Mittelfristig besteht das Interesse, Führungsaufgaben für ein Team von 4-5 Personen im Innendienst zu übergeben, Projekte zu führen und Marketingaufgaben teilweise selbständig zu übernehmen. Dies macht entsprechende Weiterbildungsbereitschaft, Interesse am beruflichen Weiterkommen, Ambitionen und das Grundlagenpotenzial für eine Führungstätigkeit mindestens wünschenswert.

Kommentar zum obigen Anforderungsprofil

Beachten Sie für Ihre Praxis, wie konkret, aber dennoch prägnant das obige Anforderungsprofil informiert. Anforderungen werden oft im Zusammenhang mit konkreten Aufgabenstellungen genannt, was deren Aussagegehalt erhöht.

Anforderungsprofile können je nach Situation und Bedarf auch von den üblichen Normen abweichen. Hier kommt beispielsweise die Vorgesetztenbeziehung zur Sprache und – besonders sinnvoll und angebracht – wird unter der Rubrik Entwicklungspotenzial auch etwas über die mittel- und längerfristigen Erwartungen und Anforderungen ausgesagt.

Beachten Sie jedoch, dass ein Anforderungsprofil je nach Stelle und Funktion noch einige Punkt mehr enthalten kann oder in der Struktur auch etwas detaillierter ausfallen mag.

Formular Anforderungsprofil

Grundkenntnisse und Fähigkeiten

Unerlässliche Grundausbildung	
Unerlässliche Zusatzausbildung	
Erwünschte Ausbildung	
Erfahrung als	

Skalierung: ++ sehr wichtig / + wichtig / 0 ziemlich wichtig / - weniger wichtig / -- nicht wichtig

Fachliche Anforderungen	++	+	0	-	--
(Wissen, Kenntnisse, praktische Erfahrung, Methoden, Weiterbildungen)					
Sachkenntnis					
Sprachkenntnisse					
Persönliche Anforderungen					
Verhalten im Umgang mit Mitarbeitern, Kollegen, Vorgesetzten, Kunden					
Teamfähigkeit					
Kooperationsbereitschaft					
Vielseitigkeit					
Belastbarkeit					
Schnelligkeit					
Flexibilität					
Kreativität					
Physische, geistige Fähigkeiten					
Belastbarkeit					
Auffassungsgabe					

Rechenfertigkeit					
Mündliche Gewandtheit					
Überblick					
Vernetzt denkend					
Organisationsgabe					
Lernfähigkeit, Lernbereitschaft					
Arbeitsverhalten					
Schnelligkeit und Beweglichkeit					
Präzision					
Kooperationsbereitschaft					
Anpassungsfähigkeit					
Selbständigkeit					
Konzentrationsfähigkeit					
Eigeninitiative					
Sorgfalt					
Sozialverhalten					
Kontaktfähigkeit					
Äussere Erscheinung, Auftreten					
Umgangsformen, Takt					
Bemerkungen:					

Berufsprofiling

In sogenannten Berufsprofilings werden die aus einem Stellenprofil bzw. einer Stellenbeschreibung abgeleiteten Analyse der Anforderungen besonders konsequent mit den relevanten Merkmalen der Kandidaten (Kandidatenprofil) abgeglichen. Dadurch sind ganzheitlichere und genauere Eignungsbeurteilungen möglich.

Wichtig ist dabei, dass Stellen- und Kandidatenprofile aussagekräftige Jobmatches (Übereinstimmungsgrade) ergeben und für die Leistungserbringung relevante Kriterien gewählt werden, die möglichst auch messbar sind und eine ganzheitliche Analyse gestatten. Das daraus entstehende Profil liefert wichtige Informationen für den Entscheidungsprozess des Einstellungsentscheides. Dabei können folgende Merkmalsbereiche definiert werden und im Vordergrund stehen:

Das berufsrelevante Wissen

Welche Art von Know-how auf welchem Niveau und in welcher Tiefe ist für die Stelle relevant? Dies können Englischkenntnisse oder technologisches Know-how sein.

Relevante Persönlichkeitsmerkmale

Dies können Durchsetzungsvermögen, Kommunikationskompetenzen und Zusammenarbeitsbereitschaft sein. Dies wird beeinflusst durch Führungsstile, Teamcharakter, Art der Tätigkeit und mehr.

Kognitive Fähigkeiten

Dies sind die mentalen Prozesse und Strukturen eines Mitarbeiters wie beispielsweise Meinungen, Einstellungen, Fähigkeiten und Lern- und Planungsfähigkeit und Kreativität.

Berufliche Grundwerte und Interessen und Ziele

Dies sind die Grundwerte und Hauptmotivatoren wie Laufbahnziele, Motivationsstärke und Leistungsbewusstsein, aber auch Stellenwert der Arbeit und des Berufes oder Karriereziele.

Bei Stellen in Schlüsselpositionen und Führungskräften müssen die Kriterien natürlich entsprechend vielfältiger, differenzierter und umfassender und noch genauer auf die entsprechende Stelle ausgerichtet sein. Bei Führungskräften sind dies beispielsweise die dann relevanter werdenden Sozialkompetenzen und beruflichen Grundwerte, Interessen und Ziele.

Systematik und Phasen der Personalsuche

Beim Vorgehen und der Planung der Personalsuche sollte auf ein systematisches und zielgerichtetes Vorgehen geachtet werden. Die Suchaktivitäten beeinflussen einerseits wesentlich die Qualität und Quantität der eingehenden Bewerbungen von Kandidatinnen und Kandidaten und sind andererseits ein erheblicher Kostenfaktor.

Suchauftrags-Briefing und Anforderungen

In Zusammenarbeit der Personalabteilung mit dem Linienvorgesetzten und eventuell einem Mitglieder der Geschäftsleitung wird aus der Personalplanung, entstehenden Vakanzen oder sonstigen Konstellationen der Suchauftrag als Ganzes formuliert. Es sind die Eckdaten, die den Suchauftrag als Ganzes betreffen und wichtige Rahmenbedingungen geben, wie zum Beispiel:

- Zeitraum und Dringlichkeit
- Genaues Anforderungsprofil
- Genaue Informationen zu Fach- und Sozialkompetenz
- Kostenrahmen wie Schaltung und Zusatzkosten
- Interne oder externe Suche
- Grösse des Marktes für die ausgeschriebene Stelle

Interne oder externe Suche

Ein wichtiger Grundsatzentscheid ist, ob intern oder extern gesucht wird. Intern, also innerhalb des Unternehmens, können Mitarbeiter beispielsweise durch Versetzung (z.B. als Folge einer Laufbahnentwicklung oder als Folge von vorübergehender zu geringer Auslastung oder verändert Organisation), Aufgabenumverteilung oder im Rahmen von Förderprogrammen gesucht werden. Plattformen können sein: schwarzes Brett, Intranet, Mund-zu-Mund-Propaganda, die Hauszeitung oder "Mitarbeiter-gewinnen-Mitarbeiter-Programme". Der Vorteil, diese Mitarbeiter zu kennen und bereits vorhandenes Know-how beispielsweise zu betrieblichen Abläufen, darf nicht unterschätzt werden.

Extern, also ausserhalb des Unternehmens kann durch neue Arbeitsverträge oder den Einsatz von befristet angestelltem oder Temporärpersonal gesucht werden. Hier stehen mehrere Medien, Suchplattformen und Möglichkeiten zur Auswahl.

Zielgruppendefinition

Aufgrund des Anforderungsprofils und einer eventuell vorhandenen Stellenbeschreibung ist die Zielgruppe der potenziell in Frage kommenden Kandidaten zu definieren, welche z.B. die Wahl der Medien beeinflusst. Sind es IT-Experten, Hochschulabgänger oder Führungs-kräfte im kaufmännischen Bereich, um einige Zielgruppenbeispiele zu nennen. Eine genaue Zielgruppendefinition beeinflusst auch in hohem Masse die Qualität und Quantität eingehender Bewerbungen bzw. Kandidaten.

Kommunikationsziel und Kommunikationsinhalt

Damit sind die Elemente und Informationen einer Stellenanzeige oder sonstiger Kommunikationsmittel gemeint. Es handelt sich hier meis-tens um Firmenporträt, Stellenbezeichnung, Anforderungen, Aufgaben und Formen der gewünschten Kontaktnahme inkl. Link auf die Stel-lenwebsite des Unternehmens. An einer Jobmesse ist es der Auftritt des Standes oder bei einem Direct Mail an ehemalige Bewerber und Mitarbeitende Aufbau und Inhalt eines Briefes oder allfälligen Flyers.

Gestaltung und Auftritt

Sämtliche Formen des Auftrittes sollten der Corporate Identity des Unternehmens in Struktur, Gestaltung, Aufbau und Kerninhalten fol-gen, sodass Stellenanzeigen bzw. das Unternehmen als Arbeitgeber einprägende Wiedererkennungsmerkmale aufweisen.

Selektion des Kommunikationsträgers

Sind es Fachmedien, Tageszeitungen, Online-Jobbörsen, Messen, Direct Mails oder andere Formen und Träger der eingesetzten Perso-nalsuche? Dieser Entscheid ist abhängig von der Kandidatenzielgrup-pe, den Kosten, dem Zeitrahmen und Imagefaktoren. Wendet man sich an IT-Experten, sind z.B. spezialisierte Online-Jobbörsen im IT-Bereich aus Kosten- und Zielgruppenüberlegungen die richtige Wahl.

Vorgehen bei der Medienselektion

Nebst der grundsätzlichen Kommunikationsträger-Selektion ist die Wahl des richtigen Mediums eine wichtige Aufgabe, die einen erhebli-chen Einfluss auf quantitative und qualitative Kandidatinnen und Kandidaten hat und massgeblich die Kosten beeinflusst. So können bei Spezialisten-Aufträgen renommierte Fachmedien, bei Führungs-kräften Wirtschaftszeitungen oder die Neue Zürcher Zeitung die je-weils richtige Wahl sein.

Entscheidungshilfe zur Medienselektion

Prüfpunkt und Beurteilung	ist ok	prüfen	irrelevant	unsicher
Ist das redaktionelle Umfeld gut und passend				
Ist die Reputation anspruchsgerecht				
Genügt das Niveau den Anforderungen				
Existiert ein Stellenanzeiger oder –teil				
Gibt es viele redaktionelle Eigenleistungen				
Entspricht die Leserschaft den Anforderungen				
Wie steht es um das Leseralter				
Wie setzt sich die Leserschaft zusammen				
Wie hoch ist die Auflage				
Ist Auflage beglaubigt bzw. vertrauenswürdig				
Werden moderne, interessante Themen behandelt				
Sind die Kosten akzeptabel und angemessen				
Welche Anzeigen (Firmen, Themen) dominieren				
Passt die Publikation zu anderen Massnahmen				
Wie teuer kommt eine Bewerbung zu stehen				
Verfügt die Marketingabteilung über Erfahrungen				
Was verraten die Leserbriefe über die Leserschaft				
Wie professionell und qualitativ ist die Website				
Ist die Mediadokumentation gut und umfassend				
Sind die Themen möglichst stellenrelevant				
Bietet die Website preiswertere Schaltung				

Personalwerbemittel-Entscheid

Hier ist es im traditionellen Bereich meistens die Anzeige. Es kann sich aber ebenso um einen Flyer bei einem Direct Mail, bei einer Jobbörse um ein Datenbank-Suchprofil oder bei einer Messe um einen Informationsstand handeln. Im E-Recruiting sind des Namen der Jobplattformen, Netzwerke oder Stellenausschreibungen in Job-Newslettern oder auf der HR-Webseite des Unternehmens.

Erscheinungstermin und –häufigkeit

Der Erscheinungstermin hat Auswirkungen auf den Terminplan des Selektionsprozesses und ist von Werbeträgern oder deren Periodizität abhängig. So erscheint eine Fachzeitschrift meist monatlich, wogegen in einer Online-Jobbörse der Suchauftrag gleichentags innerhalb von 2-3 Stunden geschaltet werden kann.

Kosten

Die Rekrutierungskosten sollten gemäss einem Gesamtbudget und dem Budget der zu besetzenden Stellen geplant werden. Dies kann je nachdem Gestaltungskosten, Standeinrichtung, Schaltkosten in Medien, externe Beratungskosten usw. betreffen. Die Kosten sollten im Vorfeld eruiert und nach Medien und Kostenart ausgewiesen werden.

Mediaplan

Der Mediaplan gibt übersichtlich und detailliert darüber Auskunft, wo wann welche Anzeige für welche Stelle in welcher Grösse, zu welchen Kosten geschaltet wird. Es sind dabei verschiedene Detaillierungsgrade möglich, z.B. sollten die Zeitungs- und Stellenbezeichnung, das Erscheinungsdatum und die Kosten enthalten sein.

Erfolgskontrolle

Die Erfolgskontrolle bezieht sich auf die quantitative und qualitative Resonanz der Suchbemühungen, die Kosten pro Bewerbung und Kandidat. Die Erfolgskontrolle ist eine wichtige Grundlage zur Optimierung weiterer und ähnlich gelagerter Suchaufträge, um systematisch Erfahrungswerte zu nutzen.

Budgetraster für Beschaffungskosten

Daten und Aufwand		
Abteilung:		
Stelle:		
Linienvorgesetzter:		
HR Verantwortlicher:		
Datum:	Arbeits-Std.	Kosten
Kosten der Arbeitszeit		
Stellenanzeige Verfassung bis Aufgabe	4.00	
Korrespondenz bei 50 Bewerbungen	5.00	
Analyse der Dossiers	6.00	
Interviews führen	20.00	
Analyse- und Entscheidungszeit	5.00	
Referenzen	2.00	
Vertragserstellung und Administration	2.00	
Total Std. und Ansatz pro Std.	**42.00**	**50.00**
Total Kosten der Arbeitszeit		**2'100.00**
Kosten Dienstleistungen		
Personalberatung		1'200
Anzeigenschaltung Printmedien		4'800
Anzeigenschaltung online		1'600
Material und Porti Bewerberkorrespondenz		300
Total Dienstleistungen		**5'900.00**
Gesamtkosten		**8'000.00**
Bemerkungen und Kommentare		

Personalsuche von Hochschulabsolventen

Auf den Arbeitsmärkten ist eine starke Zunahme des Wettbewerbes zu beobachten. Sowie der gleichzeitig steigende Bedarf an überdurchschnittlich qualifizierten Arbeitskräften, z.b. Hochschulabsolventen. Da immer mehr Personen Hochschulstudien abschliessen, hat ein erfolgreicher Abschluss nicht mehr die zentrale Bedeutung wie dies früher der Fall war. Es sind mehr und mehr persönlichkeitsbasierende Faktoren, die im Vordergrund stehen. Gemäss Befragungen und Analysen sind dies:

- Ausgeprägte Motivations-, Einsatz- und Lernbereitschaft
- Selbständigkeit, Eigeninitiative und Umsetzungsstärke
- Analytisches und ganzheitliches Denkvermögen
- Sozial- und Problemlösungskompetenz
- Entscheidungsstärke und Mobilität

Für die Erreichung der Zielgruppe von Hochschulabsolventen sind Aktivitäten notwendig, welche diese Personen auf den geeigneten Medien in der geeigneten Form ansprechen. Nebst Stellenanzeigen, die den klaren Eindruck eines attraktiven und modernen Arbeitgebers mit interessanten Aufgaben und guten Entwicklungsmöglichkeiten vermitteln, gibt es auch noch folgende Möglichkeiten:

- Lernförderliche und gut konzipierte Praktikumsstellen
- Fachvorträge und Porträts an Hochschulen
- Tag der offenen Tür speziell für Hochschulabsolventen
- Informative Stände an Hochschulmessen und Jobfairs
- Professioneller und interaktiver Internetauftritt

Dem Internetauftritt – sowohl auf der eigenen Firmenwebsite wie auch auf externen Online-Plattformen – kommt eine besondere Bedeutung zu. Hochschulabsolventen nutzen dieses Medium intensiv, stellen daran hohe Erwartungen und haben die Möglichkeit, Arbeitgeber schnell und einfach zu vergleichen. Es empfiehlt sich daher, beim Internetauftritt auf folgende Punkte zu achten:

- Spezielle Ansprache von Hochschulabsolventen auf eigener Seite
- Informationen zu Schulungsangeboten und Karrieremöglichkeiten
- Generelle Personalentwicklungs-Konzepte
- Betonung von Freiräumen und Eigenverantwortung
- Praktikumsstellen mit Möglichkeiten praxisnaher Diplomarbeiten

Personalvermittlung und Personalberatung

Als *Headhunter* werden in der Regel Personalberater bezeichnet, die sich auf die Suche und Auswahl von Fach- und Führungskräften mittels der Methode der Direktsuche, d.h. dem aktiven Abwerben von gut ausgebildeten und erfahrenen Kandidaten, spezialisiert haben. Man spricht dabei vom so genannten "verdeckten Stellenmarkt", denn Stellenbesetzungen laufen hier sehr diskret, quasi im Verborgenen ab. Die Gründe, einen Headhunter zu beauftragen können vielfältiger Natur sein:

- Man hat ein Unternehmen, bei dem bestimmte Personen bzw. Spezialisten mit den benötigten Fähigkeiten bzw. Profilen arbeiten

- Die Suche verläuft zu lange erfolglos oder es bewerben sich zu wenig qualifizierte Kandidaten

- Es handelt sich um eine Position, die Spezialisten verlangt, von denen es auf dem Arbeitsmarkt aber nicht genügend gibt.

- Der Auftraggeber muss die Besetzung der Position aus bestimmten Gründen diskret angehen, ohne dass Wettbewerber, Mitarbeiter oder der aktuelle Stelleninhaber dies erfahren.

Sucht eine Personalberatung ausschliesslich Führungskräfte, so wird dieser Prozess häufig mit *"Executive Search"* bezeichnet. Im Wesentlichen setzen Personalberater für die Personalsuche zwei Methoden ein, die anzeigengestützte Suche und die Direktsuche, das sogenannte Direct Search. Häufig wird auch eine Kombination aus beiden Methoden angewandt, die in einem solchen Fall auch als *Mixed-Media-Search* bezeichnet wird.

Bei der *Anzeigensuche* schaltet der Personalberater Anzeigen in geeigneten Online- oder Printmedien. Im Fall der *Direktsuche* verlässt sich der Personalberater nicht darauf, dass sich ein geeigneter Kandidat bei ihm bewirbt, wie im Fall der anzeigengestützten Suche. Bei einer Übereinstimmung mit den Anforderungen des Kundenunternehmens versucht der Personalberater, den betreffenden Kandidaten zum Wechsel zu seinem Auftraggeber zu bewegen.

Die vorausgehende Recherche kann über verschiedenste Quellen wie z.B. Datenbanken, das eigene Netzwerk, Fachliteratur u.ä. erfolgen. Personalberatungen bedienen sich zu diesem Zweck ähnlich wie bei der Anzeigensuche vor allem des Internets. Da eine erfolgreiche Recherche spezielles Fachwissen voraussetzt, beschäftigen Personalberatungen für diese Aufgabe oft spezielle Mitarbeiter, sogenannte "Researcher".

Der Beratungsprozess

Der Beratungsprozess selbst beginnt in der Regel mit einem Besuch des Personalberaters beim beauftragenden Unternehmen. Dieser Besuch dient zwei Hauptzwecken. Zum einen erstellt der Personalberater im Rahmen eines ausführlichen Beratungsgespräches gemeinsam mit seinem Kunden ein umfangreiches Profil der zu besetzenden Position und der damit verbundenen Anforderungen an den zu findenden Mitarbeiter. Zum anderen macht sich der Personalberater durch eine Besichtigung des Unternehmens ein Bild von innerbetrieblichen Prozessabläufen, Betriebsklima und Arbeitsatmosphäre.

Auf Grundlage dieser Informationen werden dann die Konditionen vereinbart. Entsprechend dem Anforderungsprofil des Auftraggebers wird unter den ausfindig gemachten Kandidaten eine Vorauswahl getroffen. Die aussichtsreichsten Kandidaten, in der Regel zwei bis fünf, werden dem auftraggebenden Unternehmen dann zusammen mit ausführlichen Unterlagen (kommentiertes Bewerbedossier, Analysen, Interviewinformationen, Referenzen, persönliche Einschätzung von Fach- und Sozialkompetenzen usw.) vorgestellt.

Honorarmodelle und Kosten der Personalberatung

In der Regel liegen die Honorare der Personalberater zwischen 20 Prozent und 35 Prozent des Jahresbruttogehalts der zu besetzenden Stelle. Manche Personalberatungen arbeiten auch auf Grundlage von Festhonoraren. Die Höhe des Honorars hängt von der zu besetzenden Position, dem Schwierigkeitsgrad, dem Arbeitsmarktangebot, den Terminvorgaben, und der eingesetzten Suchmethoden ab. Personalberater verlangen aufgrund des hohen Grundaufwands meistens ein Mindesthonorar.

Kriterien zur Auswahl eines Personalberaters

Wer die Personalsuche einem Personalberater übergeben möchte, kann sich an eine Personalberatung wenden, die auf Branche oder Berufssparte spezialisiert ist. Berater sollten dann möglichst detailgenau über Anforderungen und Erwartungen an den neuen Mitarbeiter informiert werden. Es sollte auch Klarheit darüber bestehen, mit welchen Methoden der Berater vorgeht wird, wer welche Aufgaben übernimmt und wie genau es um die Konditionen und das Honorarmodell steht. Qualifizierte Personalberater sorgen für Transparenz im Suchprozess, sie betreuen sowohl den Auftraggeber wie auch den Kandidaten intensiv und kommunizieren regelmässig den Stand der Dinge.

Bei Kandidaten wird beispielsweise geprüft, ob die Vakanz zu den Laufbahn- und Karrierezielen des Kandidaten passt. Es ist stets sorgfältig zu prüfen, ob die Inanspruchnahme der Dienste privater Arbeitsvermittler und Personalberatungen Sinn macht und angemessen ist. Professionelle Hilfe, Beziehungen, qualifizierte Interviews und vorhandene Datenbanken sind gerade bei sehr wichtigen Stellenbesetzungen überlegenswerte Vorzüge.

Die teilweise sehr hohen Kosten, eine gute Vertrauensbasis und professionelle Arbeitsweise müssen allerdings ebenso beachtet werden und transparent vorliegen. Wenn ein Vermittler die Vorauswahl übernimmt, entfällt für das Unternehmen das aufwendige Suchen nach geeigneten möglichen Kandidaten aus dem gesamten Bewerber-Pool. Zudem werden Interviewführung, Kompetenzen- und Persönlichkeitsbewertungen, Analyse von Bewerbungen und mehr bei erfahrenen und qualifizierten Personalberatern professionell gehandhabt.

Zugriff auf eine breite Basis qualifizierter Kandidaten

Durch die Aktivitäten eines Personalberaters hat man normalerweise Zugriff auf eine hohe Anzahl qualifizierter Kandidaten. Bei Bedarf schaltet der Vermittler Stellenanzeigen in der Presse oder in Jobbörsen im Internet. Man hat zuweilen auch Zugriff auf Datenbanken im Internet und kann Absolventen in Fachhochschulen und Universitäten ansprechen.

Risikominderung

Für den Fall einer Beendigung des Arbeitsverhältnisses in der Probezeit durch den Arbeitnehmer haben Sie oft Anspruch auf die Vermittlung bzw. den Nachweis von weiteren qualifizierten Kandidaten. Das Nähere entnehmen Sie jeweils dem Vertragsangebot des Beraters.

Honorar auf Erfolgsbasis

Die Arbeit ist erfolgsorientiert, d. h. man bezahlt die Leistung nur, wenn ein Arbeitsvertrag zwischen einem vorgeschlagenen Kandidaten und Ihrem Unternehmen abgeschlossen wird.

Diskretion und Beratung

Man muss Ihnen auf jeden Fall bei der Personal- bzw. Arbeitsvermittlung absolute Diskretion zusichern.

Auch von einem Vermittler können Sie Beratung erwarten, die über das Weitergeben von Bewerberdossiers hinausgeht. Damit können Sie auch die Qualifikation und Erfahrung prüfen.

Vorgehensweise bei Projekten

Je nach Umfang, Vorgaben und Erwartungen läuft ein Auftrag im Normalfall bei einem Berater oder Vermittler wie folgt ab:

Phase 1	Festlegung der Zielvorgaben
Phase 2	Suchbeginn durch bestehende Ansprache-Tools
Phase 3	Bewerberinterviews
Phase 4	Vorschläge geeigneter Bewerber
Phase 5	Begleitung der Vorstellungsgespräche vor Ort
Phase 6	Verfahren bis zur Vertragsunterzeichnung

Sonstige Beratungsdienstleistungen

Je nach Grösse, Ansprüchen und Erwartungen können Personalberatungen und Vermittler auch weitere Dienstleitungen in Bereichen anbieten wie Beratung in Personalfragen, Vergütungsberatung, Vorselektion von Bewerbungsunterlagen, New Placement und mehr.

Mögliche Nachteile und Vorabklärungen

Es muss aber auch berücksichtigt werden, dass erhebliche Kosten anfallen und Externe niemals das Know-how und Unternehmensverständnis haben können, wie dies bei einer internen Personalabteilung der Fall ist. Die Kommunikations- und Entscheidungswege können kompliziert und risikoanfällig sein und die Kompetenz und Erfahrung eines guten Beraters ist nicht immer einfach zu beurteilen. Ein genauer Kosten- und Konkurrenzvergleich, das Einholen von Referenzen, die teilweise Vergabe von Aufträgen und transparente und detaillierte Offerten sind wirksame Möglichkeiten zur Risikominimierung bei der Wahl des optimalen Vermittlers oder Beraters.

Networking in der Personalpraxis

Die Bearbeitung der Bewerbungsflut setzt immer mehr einen durchdachten, effizienten und kosten- und zeitintensiven Personalauswahlprozess in Gang. So ist es naheliegend, dass Unternehmen bei der Mitarbeitersuche immer häufiger nebst traditionellen Suchkanälen und Medien auch auf Netzwerke setzen, bei denen zudem je nach Stelle und Branchen oft auch hoch qualifizierte Kandidaten zu finden sind. Solange auf eine attraktive Stellenausschreibung in Unternehmen Hunderte von Bewerbungen eingehen können, sollte man verstärkt versuchen, Stellen intern oder auf Empfehlung zu besetzen, um den Bewerbungsprozess zu verkürzen. Dabei reichen die eingesetzten Networking-Massnahmen von Mitarbeiter-Anwerbeprogrammen bis hin zu Aktionen im Internet.

Die Kombination ermöglicht den Erfolg

Personalverantwortliche fahren bei der Personalsuche also mit Vorteil mehrgleisig und nutzen mehrere Kommunikationsinstrumente, Suchkanäle und Plattformen. Neben Inseraten und Vermittlungsdiensten gewinnt die Suche über Netzwerke dabei vermutlich an Bedeutung. Dies bestätigen auch die Erfahrungen grösserer, bekannter Unternehmen. Sie setzen oft auf die Kombination mehrerer Netzwerke. Bei diesen wird teilweise bereits heute ein Fünftel aller Stellen über das Networking mit Initiativbewerbungen und über Mitarbeiter-werben-Mitarbeiter-Programme besetzt.

Der Einsatz von Social Media

Social Media ist ein Trend im Personalmarketing, der an Bedeutung zu gewinnen scheint. In sozialen Netzwerken führen Recruiters mit den relevanten Zielgruppen einen Dialog auf Augenhöhe und treten in direkten Kontakt mit potenziellen Kandidaten. Je nach Thema bzw. Anlass und Teilnehmerzusammensetzung können auch solche Online-Angebote und Kommunikationsforen ein Ort sein, qualifizierte Kandidaten und Kandidatinnen zu finden. Vor allem bei sehr speziellen Fachrichtungen kann dies eine interessante Alternative zu traditionellen Plattformen sein. Der Social-Media-Einsatz (Twitter, Facebook, Xing und andere) im Recruiting erfordert vor allem Authentizität und Transparenz, ist allerdings recht komplex und aufwendig. Die Vielfalt der sozialen Netzwerke ist gross, Facebook, Twitter und XING sind wohl die bekanntesten, aber weitem nicht einzigen. Die Wahl des geeigneten Netzwerkes ist keine leichte Aufgabe, gilt es doch, sich nicht im Dschungel der Netzwerke zu verlieren. Es sollten jene Netzwerke evaluiert werden, welche für das eigene Unternehmen relevant sein könnten und wo sich Unternehmen in einem interessanten und reputationsfördernden Umfeld präsentieren können und sich die gewünschte Zielgruppe der Bewerber vorrangig aufhält.

Facebook als Rekrutierungskanal

Unter den sozialen Internet-Netzwerken ist Facebook eine sehr populäre Netzwerk-Plattform,welche Unternehmen immer mehr als Instrument zum Personalmarketing und als Rekrutierungskanal nutzen. Unternehmen sollten sich bewusst sein, dass der Charakter der Plattform privater Natur ist. Menschen verweilen hier, um mit Familien, Freunden und Bekannten in Kontakt zu bleiben, News auszutauschen und Fotos zu publizieren. Entsprechend locker und ungezwungen ist der Ton und Umgang. Dieses Umfeld, d.h. diesen Kommunikationsstil und Charakter sollten Unternehmen unbedingt beachten, ansonsten sie als Fremdkörper erscheinen und schnell einmal als deplatziert wirken können. Standardmässig ist jede Facebook-Seite zusätzlich mit den Rubriken Infos, Fotos, Diskussionen und Rezensionen ausgestattet. Diese Reiter lassen sich nahezu unbegrenzt erweitern und modifizieren. Es stehen zur Zeit die folgenden Rubriken zur Verfügung:

Fotos: Hier kann man ein Album erstellen und beispielsweise das HR-Team oder spannende Projekte vorstellen, den Empfangsbereich präsentieren oder auf originelle Art Mitarbeiterteams porträtieren.

Diskussion: Sie wollen etwas über die Zielgruppe erfahren? Laden Sie sie hier ein, die Meinung zu sagen. Eröffnen Sie den Austausch mit eigenen Beiträgen oder Umfragen.

Karriere: Ein solcher Reiter lässt sich individuell erstellen. Manche Unternehmen platzieren hier ihre Employer-Branding-Anzeigen in ihrem Corporate Design.

Jobs: Ein Muss für jede Karriere-Seite. Offene Positionen werden kurz vorgestellt, gefolgt von einem Link auf den HR-Bereich der Firmenwebsite. Selektionskriterien wie Karrierelevel oder Region sind integrierbar.

Facebook bietet zahlreiche Funktionen an, die für das Recruiting interessant sind. Man kann etwa interessante und aktuelle Beiträge platzieren, die dann bei einer definierten Zielgruppe in der Leiste erscheinen. So gibt es auch für Facebook entwickelte Applikationen, mit denen Funktionen spezifisch ergänzt werden können, beispielsweise Empfehlungsprogramme zur Rekrutierung von Mitarbeitern, bei denen Facebook-Nutzer deren Freunde dem eigenen Arbeitgeber empfehlen, was letztlich den klassischen "Mitarbeiter-werben-Mitarbeiter"-Programmen auf Networkingebene entspricht.

So interessant Netzwerke wie Facebook auch sein mögen, deren Nutzung erfordert viel Fingerspitzengefühl, Vertrautheit mit dem Charakter und den Nutzern und eine angemessene und dezente Präsenz. Die Botschaften müssen die Zielgruppen adäquat ansprechen und die Informationen für diese einen Nutzwert haben. Werden solche Aspekte nicht berücksichtigt, können Engagements schnell kontraproduktiv werden.

Fachvorträge und Workshops

Dies ist ebenfalls ein interessanter Weg, an aktive Interessenten zu gelangen, und der wiederum eine positive Wirkung auf das Arbeitgeber-Image haben kann. Es können aktuelle Themen gewählt werden, (Technologie, Entwicklung, Forschung, Marketing) welche möglichst auf bestimmte Kandidatenzielgruppen ausgerichtet sind und geeignete potentielle Bewerber ansprechen. Einladungen an solche Fachvorträge und Workshops können zudem an Institute und Hochschulen gehen, die genau die gewünschte Aus- und Weiterbildungsrichtung anbieten und die entsprechenden Teilnehmer und Studenten haben.

Stellenbewertungs-Plattformen

Dies sind Websites, welche Arbeitgeber bewerten lassen, sie geben Aufschluss über Arbeitsverhältnisse in Firmen und lassen so attraktive Arbeitgeber erkennen. Die Besucher dieser Websites setzen sich oft aus Fachkräften, High Potentials, Absolventen und jobwechselwilligen Berufstätigen zusammen, die sich ihren Arbeitsplatz aussuchen können, an ihren neuen Job Ansprüche stellen und Informationen zum Betriebsklima in Unternehmen suchen. Eine von ihnen ist www.kununu.com/ch.

Unternehmen bieten sich auf solchen Jobbewertungs-Plattformen innovative Möglichkeiten, wie beispielsweise die Steigerung der Bekanntheit als Arbeitgeber, die Pflege des Employer-Brandings, innovatives Personalmarketing in einer interessanten Zielgruppe und zielgerichtetes Recruiting. Zugriffsstatistiken zeigen, wie viele Personen sich über das Unternehmen und die jeweiligen Arbeitgeberqualitäten informieren. Firmenprofile werden von Suchmaschinen im allgemeinen als besonders relevant eingestuft und erscheinen an vorderen Stellen. Durch populäre Suchbegriffe wie Karriere, Betriebsklima, Jobs bestehen gute Chancen, bei neuen Zielgruppen Gehör zu finden.

Weitere Suchkanäle und -plattformen in Kürze

Arbeitsämter und öffentliche Dienste

Vermittlungsangebote des Arbeitsamtes sowie öffentliche Fördermöglichkeiten können ebenfalls in Anspruch genommen werden. Natürlich ist dieses Angebot von der jeweiligen Arbeitsmarktlage abhängig.

Praktikanten-Programme und Diplomarbeiten

Suchen Sie über die Vergabe von Praktika, d.h. mit gezielten Praktikantenprogrammen und Diplomarbeiten sowie die Teilnahme an Hochschul-Veranstaltungen und Absolventen-Kongressen Kontakt zu potenziellen Mitarbeitern. Auch Direktaushänge über Universitäten sind möglich oder Kleinanzeigen auf Studentenportalen und in Studentenpublikationen.

Teilnahme an Job-Fachmessen

Wer sein Unternehmen auf einer regionalen oder landesweiten Firmenkontaktmesse vorstellen will, findet in Datenbanken, an HR-Messen und im Internet zahlreiche Hinweise auf aktuelle Veranstaltungen. Bei diesen häufig an Hochschulen stattfindenden Veranstaltungen kommen erfahrungsgemäss viele nützliche Kontakte, insbesondere zu IT-Fachkräften und Berufen mit akademischen Anforderungen zustande.

Stellen-Rubrik auf Firmenwebsite

Die eigene Firmenwebsite sollte ebenfalls eine Rubrik mit aktuellen offenen Stellen und einer Porträtierung als Arbeitgeber enthalten. Immer mehr Bewerber informieren sich nebst der Stellenanzeige auch auf der Website des Stellenanbieters. Je ausführlicher informiert wird, desto besser. Direktbewerbungen über Onlineformulare, Vorstellen der Abteilungen und Mitarbeiter, Geschäftsberichte und Zahlen zur Entwicklung sind einige Beispiele von Erweiterungsmöglichkeiten.

Interne Stellenausschreibungen

Interne Stellenausschreibungen haben viele Vorteile. Geringere Risiken, vorhandene Betriebskenntnisse, gute Informationen über Persönlichkeit und Qualifikation, tiefe, bzw. keine Kosten, Motivationsbeitrag und mehr. Möglich sind auch Provisionen an Mitarbeiter bei Einstellung eines Bewerbers aus deren Bekannten- und Freundeskreis. Solche Stellenausschreibungen sind in Mitarbeiterzeitschriften, per E-Mail-Meldung und Intranet, in Rundschreiben und auf Anschlagbrettern möglich.

Freelancer und Sub-Unternehmer

Internet-Plattformen ermöglichen es solchen Freelancern und virtuellen Teams sogar, auch grössere Projekte anzugehen. Bei überschaubaren Einzelaufträgen sollten Sie nicht versäumen, Experten-Netzwerke einzubeziehen. Webworker.com etwa gibt Ihnen im Internet die Gelegenheit, unter selbstständigen Spezialisten nach Erfahrungsbereichen und Tätigkeitsschwerpunkten auszuwählen.

Universitäts- und Schul-Aushänge

Je nach Art der Stelle (Teilzeit, Anforderungen, Erfahrungen) kann die Suche bei Universitäten und Hochschulen via Aushängen online und in den Universitäten selber ein kostengünstiger Weg sein, an sehr gut ausgebildete Stellensuchende zu gelangen, besonders bei temporären Angeboten. Auch Institute mit Aus- und Weiterbildungs-Angeboten mit Diplomabschluss sind gute Rekrutierungsorte.

Recruiting-Events an Universitäten

Qualifizierte und aufgeschlossene Kandidaten trifft man auch auf Job-messen oder Recruiting-Events von Universitäten und anderen Weiter-bildungs-Instituten. Dort kommt man mit den Absolventen ins Ge-spräch, lädt sie zu Vorträgen ein und informiert sie über interessante Positionen im Unternehmen. Solche Aktivitäten leisten auch einen wertvollen Beitrag zur Arbeitgeber-Reputation und wirken nachhaltig.

Datenbank ehemaliger Mitarbeiter

Der Aufbau eines Netzwerkes oder einer Datenbank mit ehemaligen Mitarbeitern und eine regelmässige Kommunikation mit diesen kann sich lohnen, beispielsweise mittels eines Newsletters oder mit Ehema-ligentreffen. So können ehemalige Mitarbeiter weiter an das Unter-nehmen gebunden werden und auch die Wahrscheinlichkeit wird er-höht, dass diese die Unternehmen als attraktiven Arbeitgeber weiter-empfehlen, wenn sie von Bekannten hören, die auf Stellensuche sind.

Mitarbeiter-werben-Mitarbeiter-Programme

Einige Unternehmen nutzen Mitarbeiter-Empfehlungen als einen we-sentlichen Bestandteil ihrer Personalsuche und setzten diese systema-tisch ein. Sie holen über Mitarbeiter-werben-Mitarbeiter-Programme neue Fach- und Führungskräfte in den Betrieb. Folgt auf eine Empfeh-lung die Einstellung, erhält der werbende Mitarbeiter eine Erfolgsprä-mie in Geld- oder Sachwerten.

Business-Netzwerke für Personaler

Auf realen Veranstaltungen oder in Internet-Foren von virtuellen und Business-Netzwerken treffen sich Personalverantwortliche oft zum Erfahrungsaustausch. Aber auch die Mitarbeitersuche ist auf diesem Wege möglich. Gleiches gilt für Business-Plattformen, wo Mitglieder persönliche Profile hinterlegen und Kontakte zu anderen Netzwerkteil-nehmern aufnehmen können. Recruiting in und über soziale Netzwerke wird wohl immer mehr ein dritter oder vierter Weg werden, sie sollten aber in der Regel nur ergänzend genutzt werden. Der Umgang mit Social Media wird mittelfristig wohl sicher zum Handwerkszeug eines Recruiters im Unternehmen gehören, um so mehr, als man mit der permanenten Präsenz bei wichtigen Zielgruppen auch eine hervor-ragende Imagewirkung erzielen kann.

Entscheidungshilfe für die Wahl des Suchkanals

Prüfpunkt und Beurteilung	ist ok	prüfen	irrelevant	unsicher
Kosten insgesamt und Kosten pro Bewerbung				
Werden andere Suchkanäle/Plattformen ergänzt				
Image und Reputation des Suchkanals				
Spricht er die gewünschten Zielgruppen an				
Sind die Reaktionsmöglichkeiten gut				
Kann gut und umfassend kommuniziert werden				
Passt der Kanal zu Branche und Unternehmen				
Kennt man Nutzer und Leser des Kanals				
Verfügt die Marketingabteilung über Erfahrungen				
Wie hoch ist die Beachtung des Suchkanals				
Gibt es Möglichkeiten der Verstärkung (Internet)				
Existiert eine Onlineversion und wie gut ist diese				
Welche anderen Teilnehmer Inserenten gibt es				
Wer kann qualifizierte Urteile/Empfehlungen abgeben				
Welchen Ruf hat der Kanal in den Fachkreisen				
Ist die Pflege garantiert, sorgfältig und aktuell				
Kann er mit anderen Methoden kombiniert werden				
Wie steht es um den Auftritt und das "Look and Feel"?				
Passen Stelle und Unternehmen ins Gesamtumfeld				

Stärken und Schwächen der Suchkanäle

Kanal und Kriterium	Impact/Wirkung	Pflege und Aktualität	Kosten und Aufwand	Zielgruppenausrichtung	Imageförderung	Kommunikationsraum
Legende: Stärke: + / Schwäche: -						
Stellenanzeigen Fachzeitschriften	+	-	+	+	+	-
Stellenanzeigen Publikumszeitungen	+	-	+	+	+	-
Personalberatung und Executive Search	+	+	-	+	+	+
Online-Jobbörsen	+	+	+	-	+	+
Firmeneigene HR-Website	-	+	+	+	+	+
Social Networks wie Facebook	-	+	-	-	+	+
Business-Netzwerke wie Xing	+	+	-	-	+	+
Interne Stellenausschreibung	+	+	+	-	+	+
Universitäts- und Schul-Aushänge	-	+	+	+	+	+
Teilnahme an Job-Fachmessen	-	-	-	+	+	+
Arbeitsämter und öffentliche Dienste	-	-	+	-	-	+
Mitarbeiter-werben-Mitarbeiter-Programme	+	+	+	-	+	+
Fachvorträge und Workshops	-	+	-	+	+	+
Direct Mail an ehemalige Mitarbeiter	-	+	-	+	+	-

Stellenanzeigen und Medienwahl

Anforderungen an Stellenanzeigen

Auch wenn die klassische Stellenanzeige von Onlineangeboten immer stärker konkurrenziert wird – spielt sie in der Praxis nach wie vor eine wichtige und unverzichtbare Rolle. Doch die Funktion, Bedeutung und Form von Stellenanzeigen hat sich verändert, zum Beispiel in folgenden Punkten:

- Einbezug der Stellenanzeige in das Corporate Design und den Unternehmensauftritt als Ganzes
- prägnante, partnerschaftliche und klare Sprache und Kommunikation in Abstimmung mit der Corporate Identity
- Vernetzungen mit weiterführenden und ergänzenden Internetangeboten und Mehrinformationen
- modernes Employer-Branding und Unternehmens-Attraktivität, eingebunden in PR-Vorgaben

Dies sind nur einige Beispiele, die es in einem modernen Personalsuch-Auftritt nicht nur in der Stellenanzeige, sondern in der Gesamtkommunikation mit dem Arbeitsmarkt und den potenziellen Bewerbern zu berücksichtigen gilt. Auch Stelleninserate stehen im Arbeitsmarkt in einem Wettbewerbsumfeld. Man spricht deshalb zu Recht auch im Personalwesen vom Personalmarketing, welches die professionelle Mitarbeitersuche, die Pflege des Arbeitgeber-Images und die adäquate Kommunikation mit Bewerbern, dem Arbeitsmarkt und "Zufalls-Lesern" von Anzeigen und Websitebesuchern.

Grundsätzliche Anforderungen an eine Stellenanzeige

Ähnlich wie bei anderen Kommunikationsmassnahmen sind dies die folgenden Aspekte und Bereiche:

1. Zielgruppenorientierung

die qualifiziertesten und geeignetsten Bewerber- und Mitarbeitergruppen ansprechen, und zwar bezüglich Qualifikation, Sozialkompetenzen, Alter und Kompatibilität mit der Unternehmenskultur. Hier ist dann auch die Wahl der passenden Suchkanäle und Medien von grosser Bedeutung. die Zielgruppenorientierung sollte beispielsweise folgende Aspekte beinhalten:

- Niveau und Qualifikation der Bewerberzielgruppe
- Vorkenntnisse und Fach-Know-how der Zielgruppe
- Ansprüche und Erwartungen an Stelle und Unternehmen
- Gewandtheit in Kommunikation und Ausdrucksvermögen
- Mentalität und Persönlichkeitsmerkmale nach Berufen/Branchen

2. Resultatsorientierung

Jede Kommunikationsmassnahme hat ein Ziel, welches das Image, die Bekanntheit oder eine spezifische Unternehmensinformation sein kann. Bei der Stellenanzeige geht es um die optimale Stellenbesetzung mit dem geeignetsten Mitarbeiter.

3. Einzigartigkeit

Eine in Gestaltung, Struktur und Inhalt unverwechselbare und für das Unternehmen charakteristische Stellenanzeige hat die besten Chancen, das obige Resultat zu erreichen und die Arbeitgeber-Attraktivität zu gewährleisten.

4. Glaubwürdigkeit

In einer teilweise von Superlativen und Übertreibungen geprägten Werbe –und Kommunikationswelt sind ehrliche, faktenbasierende und bewerberrelevante Informationen und Stellen- und Anforderungsprofile von besonderer Bedeutung. Wer einen Entscheid fällt, der sich auf den grössten Teil seine Lebenszeit auswirkt, möchte dies auf entsprechend glaubwürdigen und zuverlässigen Informationen tun.

5. Imagewirkung

Erfolgreiche Stellenanzeigen dienen je länger je mehr nicht mehr nur dazu, den richtigen Mitarbeiter für eine Stelle zu finden, sondern haben darüber hinaus noch wesentlich mehr Aufgaben und Kommunikationsmöglichkeiten: Sie transportieren und kommunizieren das Unternehmensimage und Employer Branding, leisten einen positiven Beitrag zum Produkt- und Unternehmensmarketing und können sogar aktuelle Mitarbeiter motivieren und bestätigen, dass sie in einem modernen und dynamischen Unternehmen arbeiten. Besonders die Nutzung der Möglichkeit, sich als moderner und attraktiver Arbeitgeber zu positionieren, sollte mit Stellenanzeigen systematisch und mit einer geeigneten Kommunikationsstrategie genutzt und gepflegt werden.

Klare Struktur und Informationsteile

Dem ersten Gebot des Textdesigns kommen Stelleninserate mehrheitlich nach. In der Regel sind die Informationen zur zu besetzenden Stelle übersichtlich auf folgende Kurztexte verteilt:

- die Information über den Arbeitgeber
- das Stellen- und Anforderungsprofil des Bewerbers
- das Angebot des Arbeitgebers
- Art und Aufforderung der Kontaktnahme

Leserfreundliche, präzise Sprache

Der heutige Leser legt Wert auf eine leserfreundliche, klare und präzise Sprache. Eine Sprache also, die ihm ohne Hindernisse und innert kurzer Zeit die gewünschten Informationen zuführt. Was - auf einen Blick – bei Stellenanzeigen zu vermeiden ist:

- Abstrakte Formulierungen
- Schwammige, unklare Anforderungen und Gemeinplätze
- passive Verben
- komplizierte Satzkonstruktionen
- überlange Sätze oder Pleonasmen

Internet- und Onlineverweise

Achten Sie auch darauf, die E-Mail-Adresse anzugeben und zu informieren welche Art der Vorbewerbung Sie via E-Mail wünschen. Ferner sind Verweise ins Internet sehr zu empfehlen. Dort kann man im Sinne einer Mehrinformation:

- Unternehmen und Produkte näher vorstellen
- Personal und Mitarbeiter porträtieren
- Mehr zu Stelle und Anforderungen sagen
- Ein Onlineformular zur Eignung oder Bewerbung bieten
- Geschäftsberichte, Entwicklungen, Pressemeldungen zeigen

Rubrikenwahl in Stellenanzeigern

Geben Sie der korrekten Platzierung grosse Beachtung, da sie den Erfolg entscheidend beeinflusst. Grössere Stellenanzeiger haben sehr feine Gliederungen. Gerade im kaufmännischen Bereich können Stellen im Finanzbereich, um ein Beispiel zu nennen, woanders meistens genauer platziert werden.

Anforderungen an Stellenanzeigen in Onlinemedien

Der Text für ein Jobinserat in einem Online-Medium oder auf der eigenen Firmen-Website soll präzise, aussagekräftig und übersichtlich sein. Solche Texte werden von Interessenten und Bewerbern am Bildschirm schnell und oft nur flüchtig gelesen, weshalb sprachliche und gestalterische Anforderungen sogar noch höher als in Printmedien sein können. Das heisst konkret: Keine Bandwurmsätze, klare und packende Sprache ohne häufige Substantivierungen und Passivkonstruktionen. Keine strukturlose Bleiwüste, stattdessen mit Hilfe von Zwischenüberschriften Struktur schaffen. Bewerber müssen schnell das Wesentliche erfassen können."

Umfang des Bildschirmseitentextes

Theoretisch hat man auf Websites und Online-Anzeigenflächen sehr viel Platz zur Verfügung. Das verführt viele Personalverantwortliche dazu, zu lange und zu ausführliche Anzeigen zu formulieren. Die Grundregel lautet: Der Text sollte nie länger als eine Bildschirmseite sein. Wenn man anfangen muss zu scrollen, steigen viele Bildschirmleser jeweils wieder aus.

Es ist auch interessant zu wissen, dass 50 Prozent der Nutzer von Stellenbörsen nicht direkt in den Rubriken, sondern über die Volltextsuche suchen, weil sie es von Google so gewöhnt sind. Die Konsequenz dieses Suchverhaltens: Alle Schlüsselbegriffe, nach denen gesucht werden könnte, müssen enthalten sein. Will ein Unternehmen zum Beispiel die Position eines Key Account Managers besetzen, sollten im Text Begriffe wie "Vertrieb" und "Aussendienst" ebenfalls enthalten sein - damit derjenige, der nach genau diesen Wörtern im Volltext sucht, ebenfalls fündig wird.

Schlagwörter vermeiden

Doch klare Begriffe sind oft selten und meist stehen in Jobofferten viele Anglizismen: 86 Prozent der Stellenanzeigen fordern von "Young Professionals" ausser hervorragenden Noten "Soft Skills" und der Personaldienstleister hat "jobs in time" in seinem aktuellen "Young Professional Index" ermittelt. Ferner werden zum Beispiel soziale Kompetenz, Teamfähigkeit oder Kundenorientierung genannt. Doch was genau bedeuten diese Begriffe eigentlich? Was soll der Bewerber ganz konkret sein, können mitbringen? Dies bleibt dann meist unklar und verwirrt Bewerber mehr, als dass die Anforderungen den Bewerbungsentscheid erleichtern.

Der Begriff Teamfähigkeit zum Beispiel ist viel zu schwammig und allgemein. Besser ist es, zu beschreiben, was man vom Bewerber tatsächlich erwartet. "Sie arbeiten eng mit zwei bis drei Kollegen zusammen", ist eine konkrete Formulierung, die den Leser auch verstehen lässt, in welcher Art er "teamfähig" sein soll. "Sie sind mobil" ist ein weiteres dieser oft verwendeten aber kaum zielführenden Schlagwörter. Besser: Sie bereisen mehrmals im Quartal unsere Standorte in Basel, Chur und Bern."

Verlinkungsmöglichkeiten nutzen

Eine Unternehmensdarstellung hält ist auch bei Onlineanzeigen empfehlenswert. Für weitere Informationen verweist man aber mit Vorteil auf die Internetseite des Unternehmens, was aber erfordert, dass die Unternehmens-Website unbedingt aktuell sein muss - gerade in Bezug auf die Stellenanzeigen. Wer bei einer Stellenbörse ein Jobangebot liest, das nicht auf der unternehmenseigenen Website wiederzufinden ist oder eine Anzeige vom letzten Jahr enthält, zweifelt an der Aktualität der Offerte und der Sorgfalt, Professionalität und Achtsamkeit eines Unternehmens.

Unternehmensdarstellung

Unternehmen tendieren in Stellenanzeigen oft dazu, sich zu sehr in den Vordergrund zu stellen: Sie versuchen in der Unternehmensdarstellung möglichst viele Daten und Zahlen zu präsentieren. Die Unternehmenspräsentation sollte als Faustregel höchstens ein Viertel des Anzeigentexts ausmachen und sich auf Aspekte beschränken, die das Unternehmen als Arbeitgeber betreffen und kurz seine Kernleistungen benennen. Dazu gehören zum Beispiel die Hauptprodukte, die Branche, Visionen, Unternehmens- und Führungsgrundsätze und Informationen, welche die Attraktivität als Arbeitgeber unterstreichen. Grundsätzlich muss schon die Unternehmensdarstellung die Bewerberfrage beantworten: Kann ich mir vorstellen, dort zu arbeiten, ist mir dieses Unternehmen als Arbeitgeber und seine Leistungen sympathisch?

Emotionen mit Fotos transportieren

Angebracht ist auch der häufigere Einsatz von Bildern und Logos zu, da man mit Bildern emotionalisieren und Texte auflockern kann. Zum Beispiel, indem man das Bürogebäude oder Produkt oder Teamkollegen und –kolleginnen zeigt, in welchem der zukünftige Mitarbeiter tätig werden würde oder den Personalverantwortlichen, mit dem die Bewerber im Interview sprechen werden", regt sie an. Bilder steigern den Wert einer Anzeige und machen sie spannender, authentischer und lesefreundlicher.

Vorteile von Online-Anzeigen für kleinere Firmen

Vorteile der Online-Anzeige bestehen vor allem auch für kleine und mittelständische Unternehmen. Werden sie bei einer Suche in der Ergebnisliste aufgeführt, bekommen sie von den potenziellen Bewerbern mehr Aufmerksamkeit, als wenn sie mit einer kleinen Anzeige in einem Printmedium vertreten wären. Und diese Chance kann man im Anzeigentext beispielsweise wie folgt nutzen: "Wir sind zwar ein kleineres Unternehmen, aber wir bieten dafür gute Entwicklungsmöglichkeiten..."

Die nachfolgenden Übersichtabellen zeigt anhand konkreter Beispiele, wie wichtige Anforderungen und Erwartungen konkret und aussagekräftig beschrieben und kommuniziert werden können.

Umschreibung von wichtigen Anforderungen

Belastbarkeit	Sie verlieren auch unter Zeitdruck das Ziel nicht aus den Augen und erzielen auch unter Druck gute Ergebnisse.
Durchsetzungs-vermögen	Sie begründen Ihre Überzeugung/Ergebnisse in Meetings und setzen sie meist durch.
Empathie	Sie akzeptieren die Meinungen und Argumente von Kollegen und bringen Verständnis für ihre Motive und beruflichen Grund- und Lebenswerte auf.
Entscheidungsstärke	Sie sind ergebnis- und handlungsorientiert, übernehmen gerne die Führung, ergreifen Initiative und treffen schnelle Entscheidungen.
Initiative	Sie verhalten sich extrovertiert und menschenorientiert. Sie fühlen sich herausgefordert, wenn andere für neue Aktivitäten gewonnen und zusammengebracht werden müssen.
Kommunikative Kompetenz	Sie zielen auf geradlinige Kommunikation ohne viel Geschwätz. D.h. Sie formulieren Sachverhalte so, dass unterschiedlichste Personen / Fachgruppen / Abteilungen sie verstehen.
Leistungsbereitschaft	Sie wissen wann Sie gebraucht werden und setzen Ihre Arbeitskraft nach der Aufgabenstellung und nicht nach dem Dienstplan ein.
Lernfähigkeit	Sie sind empfänglich für Impulse und neue Wege und Methoden aus Ihrer Umgebung und lassen sie in Ihre eigenen Ideen einfliessen.

Selbstbewusstsein	Sie sind sich über Ihre Stellung im Unternehmen wie im Team bewusst und kennen Ihre eigene Fähigkeiten und Grenzen gut.
Aufgeschlossenheit	Sie können Kritik gut annehmen, neue und andere Ideen akzeptieren, diskutieren und produktiv nutzen.
Feedback	Sie fühlen sich in einer Umgebung wohl, in der gegenseitiger Austausch über Projektfortschritte und sofortige Rückmeldung erwünscht ist.
Personalkompetenz	Sie sind geschickt im Umgang mit Menschen. Sie erkennen die beruflichen Qualifikationen und Stärken im Team und setzen die Mitarbeiter gezielt danach ein.
Ergebnisorientierung	Sie sind ergebnisorientiert, handeln selbstsicher, und kämpfen um ihre Ziele; und sind ein schneller Denker.
Kundenorientierung	Sie rücken den Kunden in den Mittelpunkt des Denkens und Handelns und erkennen so seine Bedürfnisse frühzeitig.
Problemlösungskompetenz	Sie wissen, dass nicht überall schnelle Ergebnisse möglich sind. Sie gehen logisch an die Aufgabe heran und schaffen es, auch neue und unerwartete Probleme in einem angemessenen Zeitraum zu lösen.
Sozialkompetenz	Sie verstehen es, Mitarbeiter für Ziele zu begeistern, klar zu kommunizieren, Sinngebung zu vermitteln und Mitarbeiter vor allem mit der Förderung ihrer Talente und Fähigkeiten zur Entfaltung zu verhelfen.

Beispiele konkreter Formulierungen

Allgemeingültig	Spezifisch und konkret
Wichtig sind uns gute PC-Kenntnisse und Erfahrung und Sicherheit im Umgang mit Bürosoftware.	Wichtig sind Sicherheit und Erfahrung beim Erstellen anspruchsvoller Excel-Statistiken und Gestaltungsflair für Präsentationen.
Sie sind teamfähig, hilfsbereit und jederzeit bereit, mit anzupacken und Probleme zu lösen.	Sie fühlen sich in einem jungen Team mit Durchschnittsalter 25 mit einer sehr engagierten und kollegialen Arbeitsweise wohl.
Wir stellen uns eine erfahrene und führungsstarke Persönlichkeit vor, die über überdurchschnittliches Marketing-Knowhow verfügt.	Sie sind eine Führungspersönlichkeit mit hoher Sozialkompetenz und verfügen über eine fundierte Ausbildung, sind kreativ, kunden- und marktorientiert und denken und handeln mit hoher unternehmerischer Kompetenz.
Wenn Sie eine zuverlässige, speditiv, genau arbeitende und initiative Fachkraft sind, würden wir uns freuen, Sie persönlich kennenzulernen.	Die termingetreue Bedienung und fachkundige Beratung unserer Grosskunden das exakte und individuelle Erstellen von Offerten und Initiative vor allem im Kundenservice sind bei dieser Stelle absolut erfolgsentscheidend.
Wir sind auf unserem Gebiet das marktführende Unternehmen und haben seit Jahren eine Spitzenposition inne.	Auf dem Gebiet der Medizinaltechnologie haben wir mit innovativen und bedienerfreundlichen Produkten das Vertrauen von Spitälern und Ärzten gewonnen und sind auf diesem Gebiet führend.
Unsere Anforderungen an qualifizierte Führungskräfte sind in jeder Beziehung hoch und überdurchschnittlich. Wir erwarten einen Vorgesetzten mit ausgewiesener Führungserfahrung und mitarbeiterorientiertem Führungsstil.	Ein gutes Arbeitsklima sowie ein mitarbeiterorientierter und auf Respekt basierender Führungsstil stehen bei uns an erster Stelle. Deshalb sind uns eine positive Grundhaltung, ein auf Vertrauen gründendes Menschenbild und emotionale Intelligenz in dieser Führungsposition sehr wichtig.

Qualitätsprüfung von Stellenanzeigen

Prüfpunkt und Beurteilung	ist ok	prüfen	verbessern	unsicher
Ist die Rubrik der Publikation richtig gewählt				
Ist die Berufsbezeichnung verständlich und üblich				
Ist die Sprache aussagekräftig und prägnant				
Ist die Struktur klar und lesefreundlich				
Sind die Anforderungen konkret und realistisch				
Wird das Unternehmen charakteristisch vorgestellt				
Erfahrung, Fachwissen, Sozialkompetenz enthalten				
Wird Post- und/oder E-Mail-Bewerbung gewünscht				
Wird gesagt, was die Bewerbung umfassen soll				
Werden die Tätigkeiten präzise und konkret genannt				
Ist Ansprechperson mit Direktwahl/E-Mail genannt				
Ist Webadresse mit Mehrinformationen vorhanden				
Wird auch etwas zur Sozialkompetenz gesagt				
Sind die Anforderungen weder zu hoch noch zu tief				
Wurde Anzeige mit evtl. Stelleninhaber besprochen				
Was könnte welche Bewerber von Reaktion abhalten				
Was macht Sie als Arbeitgeber attraktiv				
Was macht die Stelle einzigartig und interessant				
Ist die Sprache der Stelle und Funktion angepasst				
Wurde die Anzeige korrektur- und zweitgelesen				

Stellenanzeigen im Verbund mit dem Internet

Das Zusammenspiel von Internet und klassischen Printmedien bietet zahlreiche Möglichkeiten und Vorteile. Beide Kanäle haben ihre spezifischen Stärken und Schwächen. So bietet das Web unbeschränkten Raum, Interaktivität, Visualisierungen und Selektionsmöglichkeiten. Mit Printmedien hingegen werden gewisse Bewerberzielgruppen nach wie vor oft gezielter und nachhaltiger erreicht und die Beachtung ist oft ebenfalls besser. Die nachfolgenden Beispiele geben konkrete Anregungen für den Verbund, in denen die Stärken und Schwächen der jeweiligen Medien genutzt werden.In der klassischen Werbung ist das sogenannt Crossmedia, also der Verbund von Printwerbung und Onlinewerbung, stark auf dem Vormarsch. Auch bei der Personalsuche und bei Stellenanzeigen kann dieses erfolgreiche Vorgehen genutzt und praktiziert werden. Wie verweisen Sie vom Inserat aufs Internet? Die nachfolgenden Beispiele geben konkrete Anregungen.

- Gerne nehmen wir Ihre Kurzbewerbung mit den wichtigsten Angaben auch per E-Mail inklusive Lebenslauf als Attachment entgegen. (Anmerkung: Ein Attachment ist eine in einem E-Mail angehängte Datei, die vom Empfänger in MS Word oder einem anderen Programm geöffnet werden kann)
- Besuchen Sie unsere Website unter www.firmenname.ch. Wir informieren Sie dort detaillierter über unser Unternehmen, die hier ausgeschriebene Stelle und unsere Sozialleistungen.
- Füllen Sie doch unser elektronisches Bewerbungsformular im Internet unter www.firmenname.ch aus. Wir garantieren Ihnen Diskretion und eine gesicherte Datenübermittlung.

Achten Sie auch darauf, die E-Mail-Adresse anzugeben und zu informieren, welche Art der Vorbewerbung Sie via E-Mail wünschen. Ferner sind Verweise ins Internet sehr zu empfehlen. Dort kann man im Sinne einer Mehrinformation:

- Unternehmen und Produkte näher vorstellen
- Personal und Mitarbeiter porträtieren
- Mehr zu Stelle und Anforderungen sagen
- Ein Onlineformular zur Eignung oder Bewerbung bieten
- Geschäftsberichte, Entwicklungen, Pressemeldungen zeigen

Das eine tun und das andere nicht lassen: Über ein Viertel der Stelleninserate verweisen schon heute auf die Homepage oder geben eine E-Mail-Adresse an, durch die man sich auch auf elektronischem Weg bewerben kann. Achten Sie bei einem Verbund von Stelleninserat und Homepage auf folgende Punkte:

- Informieren Sie den Bewerber, ob und wie er sich via E-Mail bewerben kann. Zum Beispiel nur eine Kurzbewerbung per E-Mail, Einsendung von Lebenslauf und Foto oder gar Verweis auf eine Homepage des Bewerbers, wenn vorhanden.
- Geben Sie klar und deutlich die Webadresse an, unter der der Bewerber Sie im Internet findet.
- Weisen Sie auf Informationen hin, die der Bewerber vorfindet z.B. ausführliches Porträt der Firma, detaillierte Beschreibung der Aufgabe oder der Personaldienstleistungen usw.
- Weisen Sie auf der Homepage auch auf weitere offene Stellen hin, oder präsentieren Sie einen für das gesamte Unternehmen aktuellen Stellenanzeiger.
- Vorstellbar ist auch ein Kleininserat nur mit Vorabinformationen, das dann auf Mehrinformationen im Internet hinweist. Dies spart Kosten und "zwingt" den Bewerber, ins Internet zu gehen.

Cross-Media: Die Sowohl-als-auch-Anzeigen

Eine interessante Möglichkeit sind sehr kleine Anzeigen, die nur wenige Informationen enthalten und dann mit ausführlichen Mehrinformationen ins Internet verweisen. Dies reduziert Kosten und erhöht die Qualität eingehender Bewerbungen.

Die Medienwahl

Bei der Wahl der Medien muss sorgfältig vorgegangen werden, da diese entscheidenden Einfluss auf Rücklauf, Qualität der Bewerbungen und Kosten hat. Zu prüfen sind insbesondere die folgenden Kriterien:

Leserschaft/Zielgruppe

Ist die Leserschaft möglichst identisch mit Ihrem Wunschkandidaten in puncto Ausbildung, Niveau, Interesse, Qualifikation und Alter?

Redaktionelles Umfeld

Stimmt dieses mit Ihrem Unternehmen, Ihrer Zielgruppe, Ihrem Produkt und Ihrem Image überein? Hier wird auch Ihr Image als Arbeitgeber gebildet und beeinflusst.

Regionale Abdeckung

Man spricht hier auch von Reichweite. Möchten Sie lokal, agglomerationsweit, überregional, landesweit oder europaweit bezogen suchen? Achten Sie daher auf das Einzugsgebiet der Publikation und auf den Streuverlust.

Fachzeitschrift oder Tageszeitung

Eine sehr wichtige Überlegung, je nach fachlichen Ansprüchen und Qualifikationen. Eine Anzeige in einer Fachzeitschrift kann preiswerter sein und die Qualität der Bewerbungen erhöhen, zum Beispiel im IT-Bereich.

Auflage

Ein quantitativer Faktor, der nicht unbedingt prioritär ist. Je nach Arbeitsmarktangebot kann aber eine hohe Auflage die Wahrscheinlichkeit des gewünschten Rücklaufs steigern. Bedenken Sie aber: Eine Tageszeitung mit 200000 Lesern aber einem hohen Streuverlust (viele Leser gehören nicht zu der von Ihnen gewünschten Bewerberzielgruppe) kann quantitativ und qualitativ weniger bringen als eine Fachzeitschrift mit 4000 Lesern, die aber mit Ihrer Kandidaten-Zielgruppe praktisch deckungsgleich ist.

Qualität des redaktionellen Umfeldes

Auch die redaktionelle Qualität einer Publikation spielt eine Rolle, da diese im Zusammenhang mit dem Niveau und dem Bildungsstand der Leserschaft steht und sich auch auf die Imagebildung von Ihnen als Arbeitgeber auswirkt.

Stellenanzeiger-Teil

Wird ein Stellenanzeiger geführt oder nicht? Eine Anzeige im redaktionellen Teil kann von der Beachtung her ein gewichtiger Vorteil sein, ein fehlender Stellenanzeiger kann daher sogar eher positiv sein, da die Beachtung wesentlich besser ist.

Stellenanzeigen auf der Firmenwebsite

Eine gepflegte, informative, aktuelle und sympathische Job-Seite ist die Visitenkarte eines Unternehmens gegenüber potenziellen Bewerbern und Interessenten. Ein hervorragendes Praxisbeispiel ist die vorbildliche Job-Seite von www.siemens.de unter "Jobs & Karriere". Achten Sie vor allem auf folgende Punkte:

*   Nur aktuelle, informativ und gut beschriebene Jobs ausschreiben
*   Ansprechpartner nennen und über die Art der Kontaktnahme informieren (Post, E-Mail, Formular)
*   Unternehmensinformationen (Produkte, Ziele, Positionierung, Mitarbeiter, Leistungen usw.)
*   Über Datenschutzaspekte, Persönlichkeitsschutz usw. informieren

- Eventuell "virtuellen Betriebsrundgang" anbieten (Cafeteria, Abteilungen, Empfang, Teams usw.)
- Mitarbeiter-Testimonials (Meinungen, Aussagen)
- Angebot E-Mail-Letter-Abonnements zu neuen Stellenangeboten
- Möglichkeit, Broschüren, Geschäftsbericht usw. anzufordern
- Hinweis auf Teilnahme an Job-Börsen und Messen

Hybrid-Anzeigen: Image- und Stellenanzeige in einer

Die Unterscheidung in Stelleninserate und Image-Inserate ist überholt. In der Praxis werden heutzutage Hybridformen eingesetzt. Mit professionell gestalteten Anzeigen, einem ansprechenden und kompetenten Wording und einer mitarbeiterfreundlichen und modernen Anforderungs-Kommunikation sind Stellenanzeigen heutzutage stark imagebildende und imagefördernde Kommunikationsmittel, welche die "Arbeitgeber-Marke" je nachdem positiv, negativ oder gar nicht beeinflussen.

Dies sind nur einige Beispiele, die es in einem modernen Personalsuch-Auftritt nicht nur in der Stellenanzeige, sondern in der Gesamtkommunikation mit dem Arbeitsmarkt und den potenziellen Bewerbern zu berücksichtigen gilt. Zu bedenken ist stets, dass auch Stelleninserate im Arbeitsmarkt in einem Wettbewerbsumfeld stehen.

Kosten

Die Kosten von Stellenanzeigen variieren je nach Auflage stark. Die aktuellsten Informationen findet man auf der Website der Publikationen, wo bei grösseren Zeitungen auch die Insertionspreise online berechnet oder gar aufgegeben werden können. Ein Zeitungsverzeichnis findet man unter www.zeitung.ch

Erfolgskontrolle

Schenken Sie der Erfolgskontrolle – besonders für zukünftige Suchaufträge – die notwendige Beachtung. Eine Kennziffer kann sein, die Kosten pro Bewerbung oder pro eingeladenem Kandidaten zu eruieren. Beispiel: Für eine Anzeige bezahlen Sie CHF 2000.-- und erhalten 10 Bewerbungen, von denen Sie zwei Kandidaten zum Vorstellungsgespräch einladen. Kosten pro Bewerbung: CHF 200.-- und Kosten pro Kandidat: CHF 1000.--.

Praxis- und Fallbeispiel eines Mediaplans

Angenommen, Sie suchen einen qualifizierten IT Supporter und haben dafür ein Budget von CHF 4000.-- zu Verfügung. Ein Mediaplan könnte dafür sein:

Angaben zur Stelle und Medienselektion

Stellenbezeichnung und Abteilung:	Supporter für IT-Abteilung
Stellenantritt:	1.8.20XY
Vorgesetzter:	A. Muster
Suchzeitraum:	1.5.20XY bis 1.7.20XY
Stelleninformationen	Mehr in Stellenbeschreibung

Budget:	CHF 4000.--
Ziel Kandidatengespräche:	20 Bewerbungen, 4-5 für Interview
Headline Stellenanzeige:	Welcher Junior Supporter supportet uns?
Suchstrategie:	Online-Print-Mix

Medienselektion:

Anzeige auf grosser überregionaler Online-Stellenplattform <Name>	CHF 600.--
Anzeige auf einer IT-spezialisierten Online-Fachplattform <Name>	CHF 400.--
Kleinere Anzeige in überregionaler Tageszeitung <Name> in IT-Rubrik	CHF 1800.--
Anzeige in einer IT-Fachzeitschrift <Name> mittleren Niveaus	CHF 2500.--

Total:	**CHF 5300.--**

Aufgabe und Erfolgskontrolle einer Stellenanzeige

Datum:

Stellenbezeichnung/Vakanz:

Abteilung:

Abteilungsleiter Tel. intern:

Zieldatum Stellenbesetzung:

Plankosten:

Suchkanal

☐ Tageszeitung   ☐ Fachzeitung:

☐ Uni-Aushang   ☐ Interner Aushang   ☐ Online-Jobbörse

☐ Anderer:

Headline Anzeige:

Text wird erstellt durch:

Anforderungsprofil liegt vor:	☐ ja	☐ nein

Schwerpunkte /Stichworte

Titelwahl	
Titel Zeitung/Zeitschrift:	
Name Auftragsbearbeiterin:	
Tel-Nr.:	
Fax:	
E-Mail:	
Auflage:	
Erfahrungswerte:	
Anzeigengrösse:	
Rubrik:	
Erscheinungshäufigkeit:	
Kosten und Erfolgskontrolle	
Rücklauf:	
Kosten:	
Kosten pro Bewerbungseingang:	
Anzahl A-Bewerbungen:	
Anzahl B-Bewerbungen:	
Anzahl C-Bewerbungen:	
Bemerkungen:	
Bemerkungen und Kommentare	

E-Recruiting in der Praxis

Vor- und Nachteile des Internets in der Personalsuche

Das Internet ist ein Hilfsmittel und Weg, die Personalsuche effizienter, gezielter und zeitsparender vornehmen zu können. Bedenken Sie aber, dass das Internet nicht als einziges, sondern ergänzendes und zusätzliches Instrument genutzt werden sollte. Es hat einige Stärken aber ersetzt den persönlichen und individuellen Kontakt auf keinen Fall. Das Internet hat, wie andere klassische Formen der Stellensuche auch, einige klare Vor- und Nachteile, denen Sie sich bewusst sein sollten.

Allerdings geht der Trend eindeutig und sehr stark in Richtung E-Recruiting. Diesen Bereich zu ignorieren darf sich heute kein Rekrutierer mehr leisten, der nicht ins Abseits gedrängt werden will. Zu eindeutig sind die Selektions- und Kosten- und Zeiteinsparungsvorteile, das Effizienzsteigerungspotential und vor allem auch das veränderte Bewerberverhalten der heranwachsenden Generation.

Obwohl auch die Stellenanbieter elektronische Kanäle bei der Rekrutierung vermehrt nutzen, ist mancherorts nach wie vor Zurückhaltung spürbar – oft aus Gründen von Datenschutz-Unsicherheiten oder Ungewissheit über die Akzeptanz. E-Mail-Bewerbungen sind auch heute noch nicht überall willkommen, und auch das Recruiting auf der eigenen Website lässt, wenn überhaupt vorhanden, bei vielen Unternehmen zu wünschen übrig. Zudem kann die geringere Hemmschwelle und Anonymität auch zu einer schlechteren Qualität der Bewerbungen führen. Man kann aber dennoch davon ausgehen, dass das E-Recruiting seinen festen Platz im Rekrutierungs-Mix einnehmen und in den nächsten Jahren massiv an Bedeutung zulegen wird. Die Kombination der Kanäle wird letztlich vor allem auch mit den sich ergänzenden Synergien zum Vorteil von Arbeitnehmer und Arbeitgeber sein.

Bedeutung und Stellenwert des E-Recruiting

Ganzheitlich verstandenes E-Recruiting umfasst mehr als nur die Personalsuche, sondern bezieht zum Beispiel auch das Bewerbermanagement, die Präsentation des Unternehmens als Arbeitgeber im Internet, HR-Systeme, die den Rekrutierungsprozess optimieren und online ablaufende Vorselektionsprozesse mit ein. Aus Gründen der Praxisrelevanz beschränken wir uns aber nachfolgend auf die Personalsuchaufgaben und -möglichkeiten.

Die Vorteile und Stärken

- Massive Zeit- und Kostenersparnis im Rekrutierungsablauf
- Komfort mit massgeschneiderten Bewerberangeboten
- Genaue Recherchen (Bewerberprofile mit hohem Matching)
- Regional unabhängige und verfeinerte Suchmöglichkeiten

- Individuellere und meist informativere Stellenangebote
- Vielfach qualifizierte Bewerberprofile von Stellensuchenden, die mit digitalen Medien umgehen können

Die Nachteile und Schwächen

- Vorläufig quantitativ je nach Stelle noch eingeschränkt, aber in starkem Wachstum begriffen
- Gefahr der Automatisierung und Anonymisierung
- Datenschutz, Datensicherheit und Problem Persönlichkeitsschutz

Anzeigenschaltung bei Online-Jobbörsen

Natürlich können auf Jobbörsen auch elektronische Anzeigen geschaltet werden. Die Preise bewegen sich für eine Anzeige und einen Monat Laufzeit zwischen 350 und 450 Franken – sind also wesentlich kostengünstiger als in Printpublikationen. Die Vorteile liegen auf der Hand:

- Sehr schnelles Publizieren innerhalb von weniger als einer Stunde
- Laufendes Anpassen, Aktualisieren und Variieren der Anzeige
- Keine aufwendige Materialverwendung und Anzeigengestaltung und somit tiefere Kosten
- Messen der Jobattraktivität und Austesten diverser Headlines und Kommunikationen

Es ist jeweils auch eine Kombination mit Print-Stellenanzeigen angebracht, es sei denn, man richtet sich an eine internetaffine Zielgruppe wie zum Beispiel Hochschulabgänger, Studenten oder IT-Berufsleute. Dazu muss man jeweils ein Anzeigenkonto eröffnen. Nach der ersten Inserat-Aufgabe erhält man ein Passwort zugeteilt, mit dem man rund um die Uhr Zugriff auf das Anzeigenkonto hat und bestehende Inserate jederzeit ändern, löschen oder neue Vakanzen aufgeben kann. Einmal eingegebene Inserate können wieder aktiviert und bestehende Inserate verlängert werden. Diese flexiblen Anpassungsmöglichkeiten sind herausragende Vorteile, die auch eine permanente Optimierung der Kommunikation, beispielsweise in den Anforderungen oder in der Headline oder in der Zielgruppenausrichtung bieten.

Bewerberprofile bei Jobbörsen

Bei Online-Bewerberprofilen handelt es sich um virtuelle, in elektronischer Form vorliegende Bewerbungen, welche via Datenbanken abgerufen werden können. Es ist aber auch ein Abonnement möglich, mit dem man laufend über Bewerberprofile informiert werden kann, die den jeweiligen persönlichen Anforderungen und Wünschen entsprechen.

Informationen eines Bewerberprofils

Ein Profil ist eine Art erweiterter Lebenslauf, der bei einer Jobonline-Börse vom Bewerber hinterlegt wird. Zur Hinterlegung eines Profils erarbeitet der Stellensuchende meistens Personalien, Daten und Angaben zu Aus- und Weiterbildung, Daten und Angaben zu Berufserfahrungen, Kenntnisse, Referenzen sowie eine Kurzbeschreibung, wie man sich potenziellen Arbeitgebern vorstellen möchte.

Wenn das Ist-Profil hinterlegt worden ist, kann der Bewerber die Wunschstelle definieren, was mit mehreren Profilen möglich ist, z.B. wenn er sich eine Stelle im Verkauf genauso gut vorstellen könnte wie im Kundendienst. Dieser Service gibt Stellenanbietern eine grössere Auswahl.

Profil-Zugriff

Für ein Profil muss man ein Passwort und einen Usernamen haben, wodurch es auch geschützt ist. Ein Profil kann jederzeit aktualisiert oder geändert werden. Der Bewerber kann seinen Lebenslauf dann oft auch per E-Mail direkt an potentielle Arbeitgeber verschicken. Dies kann anonymisiert oder mit Name/Adresse geschehen. Die Suche in Profil-Datenbanken ist meistens kostenlos, das Kontaktieren von Kandidaten ist dann kostenpflichtig. Es ist auch möglich, einen permanenten Datenbank-Zugriff zu abonnieren.

Profilinformationen

Dies sind meistens die klassischen Informationen des Bewerberdossiers bzw. des Lebenslaufes: Personalien, Daten und Angaben zu Aus- und Weiterbildung, Berufserfahrungen, Kenntnissen, Referenzen usw. und Kurzbeschreibungen, mit denen sich der Bewerber vorstellt.

Matching

Der Begriff Matching heisst passend. Gemeint sind damit Stelleninserate, welche auf die in einer Suchabfrage eines Bewerbers eingegebenen Kriterien passen. Infolge ausgereifter Datenbanken und Onlinetechnologien ist heute bereits ein weiterer Schritt möglich: Suchmaschinen vergleichen die Stelleninserate mit den Einträgen der Stellengesuch-Datenbanken und lösen automatische Benachrichtigungs-E-Mails aus, welche dem Profil entsprechen.

Der Bewerber kann sich dann aufgrund einer kurzen Beschreibung entscheiden, ob er die Stellenausschreibung anschauen will oder nicht. Auch die Unternehmungen können in den Stellengesuch-Datenbanken Suchabfragen eingeben und sich auf diesem Weg automatische, anonymisierte, virtuelle Dossiers von passenden Bewerbern zukommen lassen. Mit hochgradig übereinstimmenden Matchings in zahlreichen Anforderungskriterien wie Lohn, Region, Fachwissen, Ausbildung, Alter usw. wird die Wahrscheinlichkeit nahezu ideal besetzter Stellen grösser und der Rekrutierungsaufwand drastisch reduziert.

Wie wird die passende Bewerbung gefunden?

In der Profil-Datenbank kann direkt nach geeigneten Kandidaten gesucht werden. Dies erhöht die Chance von sehr individuellen und Ihren Erwartungen entsprechenden Bewerberprofilen, z.B. bezüglich Funktion, Region, Arbeitspensum, Branche usw. Der Bewerber kann meistens selber bestimmen, ob das Profil für Arbeitgeber und Personaldienstleister zugänglich sein soll oder der Lebenslauf nur für Ihren persönlichen Gebrauch bestimmt ist.

Weitere Online-Suchkanäle und Möglichkeiten

Nebst den Online-Stellenbörsen bieten sich jedoch noch weitere Plattformen und Möglichkeiten, die oft nicht genutzt werden. Einige Beispiele:

- In Bewerber-Börsen nach den Mitarbeiter-Profilen suchen
- die eigene Firmen-Homepage bietet kostenlose "Anzeigeflächen"
- auf virtuellen Jobmessen mit Bewerbern ins Gespräch kommen
- Teilnahme in Online-Foren, Newsgroups oder Experten-Foren
- Headhunter-Beauftragung nur im Internet, auch international
- Mitarbeiter auf Zeit auf Freelancer- und Projekt-Plattformen
- Bannerschaltungen in Rubriken mit interessanten Zielgruppen

Grosse Stellenportale bieten auch sogenannte Channels, welche branchen-, arbeitsformen- oder funktionsspezifische Stellen enthalten (Banken, Teilzeitstellen, Praktika, Gesundheit, Lehrstellen) und somit eine höhere Beachtung erzielen.

Online-Bewerbungsformulare

Als Alternative zur E-Mail-Bewerbung kann man Stellensuchenden die Möglichkeit bieten, sich online auf der Firmenwebsite zu bewerben. Dabei hilft entweder ein Formular, bei welchem sich Bewerberinformationen standardisiert und somit objektiver und effizienter vergleichen lassen.

Die Formulare können sehr unterschiedlich gestaltet sein: ganz einfach und mit vielen Textfeldern für eigene Formulierungen oder auf mehrere Seiten und in verschiedene Kategorien verteilt. In diesem Fall fragt man ausführlich nicht nur nach Lebensdaten und den beruflichen

Stationen, sondern auch nach Soft Skills wie Motivation, Teamfähigkeit, Sprachkenntnissen und eventuell auch nach der Zukunftsplanung des Bewerbers. Vielleicht gibt es die Möglichkeit zum Upload, d.h. dem digitalen Abspeichern des Lebenslaufes, von Zeugnissen und/oder Passfotos auf dem Server des Stellenanbieters. Wichtig ist auch, dass Ansprechpartner genannt werden und aktuelle Stellen ausgeschrieben sind. Je nachdem kann der Besucher auch explizit zu Blindbewerbungen (Spontanbewerbungen) aufgefordert werden. Beachten Sie, dass branchenspezialisierte Anbieter gezielte und interessante Möglichkeiten bieten.

Kategorien von Jobbörsen

Bei der Suche nach oder beim Entscheid für eine Jobbörse bzw. Stellenplattform ist es hilfreich, die Struktur und die Arten von Anbietern zu kennen und unterscheiden zu können, da diese sich in wichtigen Bereichen unterscheiden und ihre bestimmten Stärken und Schwächen haben. Horizontale Plattformen sind solche, die sämtliche Branchen abdecken, vertikale können sich auf Branchen, Regionen, Funktionen oder Positionen spezialisieren.

Zeitungen und Verlage

Sie garantieren eine gute Qualität und können auf Anzeigen aus deren Printmedien zurückgreifen. Es handelt sich hier für die Verlage oft um eine Zweitverwertung und Erweiterung ihres Angebots aus den Printprodukten. In den meisten Fällen sind dies sehr vertrauenswürdige Anbieter.

Personalberater und Personalvermittler

Diese haben meistens eher kleine Angebote oder sind je nach Profil auf Spezialsegmente ausgerichtet. Die Chancen für eine hohe Qualifikation der Kandidatenprofile sind jedoch oft recht vielversprechend.

Job-Suchmaschinen

Hier kann man mit Stichworteingaben meistens sehr differenziert suchen. Es gibt auch Meta-Suchmaschinen, welche mehrere oder gar eine sehr hohe Anzahl von Stellenangeboten durchforsten und daraus entsprechend viele Treffer melden.

Diskussionsforen und Newsgroups

Diese dienen dem Austausch von Stellensuchenden und –anbietern in einem offenen meistens nicht betreuten Rahmen, oft spezialisiert auf bestimmte Themen, Ausbildungen oder Branchen.

Jobbörsen und Stellenplattformen

Anbieter mit fundierten Leistungen und grossem Know-how bezüglich digitalen Möglichkeiten und Jobprofil-Angeboten. Das Bewerbermanagement, die Datenbanken und die Zusatzleistungen sind in den meisten Fällen hier überdurchschnittlich gut.

HR-Website von Unternehmen

Eigene von Unternehmen publizierte Stellenangebote. Hier hat man gute Möglichkeiten, sich als moderner und interessanter Arbeitgeber zu profilieren und Interessenten gezielt zu informieren.

Spezialisierte Nischenanbieter

Sie sind meistens den Jobbörsen bzw. Stellenplattformen und Personalvermittlern zuzuordnen, zeichnen sich aber durch Spezialisierung auf bestimmte Branchen (Banken, Versicherungen, Technologie u.m.), Regionen (national, Europa, global für Studenten) oder Berufsgruppen aus (Marketing, Kommunikationsexperten, Journalisten, soziale Berufe usw.). Durch diese Spezialisierungen erreichen professionell geführte Nischenanbieter dieser Art quantitativ und qualitativ oft attraktive Angebote.

Arbeit vermittelnde Behörden

Regionale Arbeitsvermittlungs- bzw. Arbeitsämter (RAV) sind ebenfalls Anbieter interessanter Stellen in je nach Konjunkturlage grosser Auswahl. Die Dienstleistungen für Stellenanbieter und –suchende haben sich in den letzten Jahren generell stark verbessert.

Online-Bewerbermanagement

Strukturiertes Bewerbermanagement im Internet- und Softwarebereich wird im Zuge eines ganzheitlich genutzten E-Recruitings immer wichtiger. Mit Anzeigen, die man über eine Jobbörse schalten kann und raschen und effizienten Online-Rekrutierungstools profitiert man von interessanten Zusatzfunktionen im Bereich des Bewerbermanagements. E-Recruiting bedeutet weit mehr, als die Annahme von E-Mail-Bewerbungen, das Publizieren von Stellenangeboten in Jobbörsen oder ein Karrierebereich auf der Homepage des Unternehmens. Man kann mit E-Recruiting Geschäftsprozesse rund um das Recruitment durchgängig digital, papierlos gestalten und so nachweisliche Effizienzsteigerungen zu erzielen. HR-Abteilungen müssen häufig unstrukturierte Daten in grossen Mengen und in kürzester Zeit bearbeiten – wodurch wertvolle Ressourcen gebunden werden. Mit E-Recruiting-Tools kann der Rekrutierungsprozess vereinfacht und beschleunigt werden und die gewonnene Zeit für ausführlichere Interviews und genauere Analysen für durchdachte Kandidatenentscheidungen genutzt werden. Für Unternehmen ist es zudem auch effizient und macht Bewerbungen vergleichbar und Abläufe einfacher, wenn sich Bewerber online über ein Webformular bewerben. Leider ist dieses Vorgehen aber bei Bewerbern nicht sehr populär, da es oft aufwendig ist und oft Bedenken bezüglich Datenschutz bestehen.

Die Vorteile von Online-Bewerbungs-Tools

Allerdings haben Onlineformulare auch für Bewerber durchaus einige nicht unwesentliche Vorteile: Der direkte Link zum Formular ermöglicht eine gut strukturiere, übersichtliche und systematische Bewerbung. Die bei einer schriftlichen Bewerbung entstehenden Kosten und sonstiger Administrationsaufwand entfallen und der Bewerber hat zudem die Gewissheit, dass er auf die Fragen antwortet, die dem betreffenden Arbeitgeber wichtig sind. Somit lernt er auch dessen Prioritäten und Anforderungen detaillierter kennen.

Um die Akzeptanz einer Formularbewerbung zu erhöhen, sollten den Bewerberzielgruppen nur die zum konkreten Stellenangebot passenden Fragen gestellt werden. Dadurch kann der Eingabevorgang deutlich verkürzt werden, was in der Praxis oft der häufigste Grund der Formularablehnung darstellt. Tools, wie beispielsweise die Texterkennung von Lebenslaufdaten, das sogenannte "CV Parsing", begrenzen die Dateneingabe noch weitergehender und minimieren den Zeitaufwand erheblich. Individuelle Akzente können Bewerber auch durch das Hochladen von Begleitschreiben auch bei einer Formularbewerbung setzen.

Online-Bewerbermanagement-Lösungen vereinfachen und beschleunigen das Datenhandling und interne Prozesse insgesamt in mehrfacher Hinsicht, was ein schnelleres Feedback auf die Bewerbung ermöglicht. Damit fühlt sich der Bewerber auch gut informiert und weiss, dass seine Bewerbung auf Interesse gestossen ist. Immer wichtiger wird auch die Bindung von talentierten und qualifizierten Kandidaten. Initiativbewerbungen oder Bewerber, die zu Vorstellungsgesprächen eingeladen wurden, aber abgelehnt werden mussten, können beispielsweise in den Talentpool aufgenommen werden. Bewerbern wird dadurch Interesse signalisiert und man bleibt im Kontakt.

Transparenzverbesserung und Zeit- und Kosteneinsparung

Klare Vorteile bringt ein Bewerbermanagementsystem besonders den Recruitern und Fachabteilungen auch deshalb, weil sie die Transparenz der Prozesse erhöhen und Messbarkeit der Aufwände ermöglichen und Unternehmen Zeit und Geld sparen und sich stärker auf qualitative

Aspekte der Personalauswahl konzentrieren können. Auch das Verarbeiten grösserer Volumen, beispielsweise bei sehr vielen Bewerbungseingängen, können bei der Korrespondenzen mit Softwarelösungen weitgehend automatisiert und effizient realisiert werden. Ein professionelles System dokumentiert in einer Historie automatisch auch die Bewerber-Korrespondenz, was einen schnelleren und gezielteren Zugang zu relevanten Kandidateninformationen ermöglicht. Damit weniger Interviews, dafür aber mit besser qualifizierten Kandidaten geführt werden können, kann die Vorselektion von einer Matching- und Rankingfunktion unterstützt werden, welche Stellenanforderungen gegen die vom Bewerber gelieferten Qualifikationen automatisch abgleicht.

Gerade für das Anwerben von Auszubildenden ist ein E-Recruitingsystem mit diesen weitgehenden Funktionen sehr gut geeignet, weil hier oft standardisierte Anforderungen und Abläufe bestehen, die sich gut in einem System verarbeiten und abbilden lassen. Insgesamt verbessert ein professionelles Bewerbermanagementsystem auch den Auftritt eines Unternehmens nachhaltig und trägt somit zum Employer Branding bei. Zu beachten ist allerdings stets, dass Tools evaluiert und zum Einsatz kommen, die in einem vernünftigen Verhältnis zur Unternehmensgrösse und zu den jeweiligen Bewerbungsvolumen stehen und Funktionen beinhalten, die auch effektiv einen Mehrnutzen stiften.

Datenschutz und Schnittstellen

Ein wichtiger Aspekt ist der Datenschutz. Moderne Bewerbermanagementsysteme sind über Internetbrowser aufrufbar und gewinnen über die verschlüsselte Datenübertragung und andere Datenschutzbestimmungen das wichtige Vertrauen der Bewerber. Darüber hinaus sollten mit Vorteil auch standardisierte Schnittstellen zu externen Jobbörsen oder zu Printkanälen bieten. Auch soziale Netzwerke wie Facebook oder interne Datenbanken ehemaliger Mitarbeiter können wichtige und interessante Kanäle sein.

Zusammenfassend bringt ein leistungsfähiges und auf die Anforderungen ausgerichtetes qualitativ gutes Bewerbermanagementsystem dem HR-Recruiting folgende Vorteile:

- Stellenspezifische, imagefördernde Bewerberinformationen
- Schnelle Erstellung und Veröffentlichung von Stellenanzeigen
- Erleichtertes, beschleunigtes und einheitliches Datenhandling
- Bessere Vorselektion durch eine Matching- und Rankingfunktion
- Verarbeitung hoher Bewerber- und Korrespondenzvolumen
- Die Dokumentation und Aufzeichnung aller Vorgänge in Historien

- Online strukturierte Bewerberfragebögen zur Vorselektion
- Filtern, Klassifizieren und Ranken von Bewerbern
- Korrespondenzverwaltung und Korrespondenz-History
- Notizverwaltung, Reporting und Anzeigen in individuellem Layout
- Die Bindung von guten Kandidaten durch einen Talent-Pool
- Einen verbesserten das Employer Branding fördernden Auftritt
- Erhebliche Kosten-, Zeit- und sonstige Ressourceneinsparung

Kandidatenkommunikation dokumentieren

Die Kandidatenkommunikation steht im Mittelpunkt einer sorgfältigen und erfolgreichen Personalauswahl. Ob Absage, Einladung zum persönlichen Gespräch oder automatische Eingangsbestätigung, durch vorlagenbasierte Kommunikationstools, welches nicht immer ausgeklügelte Bewerbermanagementsysteme sein müssen, kommuniziert man mit Kandidaten wesentlich schneller und effizienter al dies mit traditionellen Mitteln der Fall ist.

Der Zugriff auf die Bewerberhistorie informiert dabei alle beteiligten Mitarbeiter wie z.b. den Linienvorgesetzten über den Status des jeweiligen Bewerbers. Eine Kombination aus Standardtextbausteinen und bewerberindividuellen Elementen ermöglicht auch eine persönliche Note bei jedem Bewerberkontakt. Die Vorteile auf einen Blick:

- Man erstellt standardisierte Stellenprofile und verwaltet Bewerber mit Terminen, Absagen, Zwischenbescheiden, fehlenden Unterlagen und mehr effizienter und fehlerloser
- Die Software unterstützt bei der Pflege des Bewerberkontakts und ermöglicht dadurch kurze Reaktionszeiten
- Durch eine mögliche detaillierte Gewichtung der Anforderungen an die Bewerber können Ranglisten erstellt und wesentlich genauere und aktuellere Analysen vorgenommen werden
- Geeignete Bewerber können anonymisiert oder mit persönlichen Daten direkt an die gewünschte Abteilung übermittelt werden
- Man kann sich auf diese Weise eine jederzeit verfügbare Bewerber-Datenbank auch für andere Stellen aufbauen
- Es können z.B. alle Transaktionen protokolliert und To-do-Listen erstellt werden. Man weiss so zu jedem Zeitpunkt genau, ob beispielsweise Fristen und Abläufe eingehalten werden.

Qualitätsbeurteilung einer Stellenplattform

Bei der Wahl eines Stellenportals gilt es einige Punkte zu beachten, um Dienstleistungsvielfalt und –niveau, Kosten und optimale Nutzungsmöglichkeiten richtig einzuschätzen und eine gute Wahl zu treffen.	gut	mittel	schlecht
Wie aktuell und hoch ist die Zahl der Stellenangebote?			
Wie bedienerfreundlich ist die Aufgabe von Inseraten?			
Sind Anzeigen im Firmen-Erscheinungsbild (Logo, Schrift)?			
Wird ein E-Mail-Abonnement angeboten?			
Bietet die Plattform redaktionelle Dienstleistungen?			
Sind Such-, Filter- und Profilfunktionen detailliert und gut?			
Wie hilfsbereit und kompetent ist der Support?			
Steckt ein bekannter Name mit Professionalität dahinter?			
Wie fällt eine Test-Recherche mit Ihren Angaben aus?			
Wie transparent und detailliert sind die Mediendaten?			
Statistiken (Seitenaufrufe, Anzahl Bewerber, Verweildauer)?			
In welchen Branchen/Berufen liegt das Schwergewicht?			
Wie effizient und rationell ist das Bewerbermanagement?			
Werden Gestaltungsvorlagen zur Verfügung gestellt?			
Wie steht es um die Anzahl und Qualität von Treffern?			
Wie viele Treffer in welcher Qualität liefert Ihre Stelle?			
Wie strukturiert und durchdacht ist die Bewerber-Datenbank			
Wie intuitiv und bedienerfreundlich ist die Navigation?			
Wie detailliert und aussagekräftig sind die Bewerberprofile			

Anforderungen an eine HR-Website

Im Wettstreit um die besten Mitarbeiter und als Bestandteil eines modernen E-Recruitings hat die Personal-Website eines Unternehmens einen hohen Stellenwert, da sie ein wichtiger Imagefaktor im Personalmarkt darstellt. Unternehmen beurteilen die Qualität von Bewerbungen über die eigene Unternehmens-Website im allgemeinen als überdurchschnittlich gut und hier bestehen auch optimale Möglichkeiten zur Pflege des Employer-Brandings und Arbeitgeber-Profilierung. Mit keinem anderen Medium können Unternehmen ihre potenziellen Bewerber über das Stellenangebot und das Unternehmen als Arbeitgeber aktueller, ausführlicher, und kostengünstiger informieren. Worauf konkret zu achten ist:

Benutzerfreundlichkeit und Navigation

Die besten Informationen verfehlen ihre Wirkung, wenn der Bewerber wichtige Informationen nicht findet oder nur erschwerten Zugang hat. Einfache, logisch aufgebaute und sich an Bewerberbedürfnissen orientierende Navigationsstrukturen sind daher wichtig und sollten vor Aufschaltung einer Webseite geprüft und getestet werden. so haben beispielsweise Untersuchungen ergeben, dass die Anzahl von sechs Navigationspunkten nicht überschritten werden sollten, da sonst die Übersichtlichkeit darunter leidet. Häufige und sinnvolle Navigationspunkte können sein:

* Porträt bzw. Vorstellung als Arbeitgeber
* Freie Stellen nach Positionen oder Funktionen
* Bewerbungstools und Bewerbungsformulare
* Unternehmensleitbild und Arbeitgeberschwerpunkte
* HR-Services, Entwicklungsmöglichkeiten oder Personalpolitik
* Newsletter zu freien Stellen

Inhalt und Substanz vor Optik

Es kommt letztlich weniger auf eine glanzvolle Verpackung und bestechende Gestaltung einer Website an. Wichtig ist der Inhalt der Seiten und der Informationszugang, denn Bewerber erwarten primär aktuelle, präzise und sachliche Informationen. Die Schlüsselfrage sollte sein: Was tun wir, um als attraktiver und moderner Arbeitgeber das Interesse und Vertrauen von Bewerbern zu gewinnen und vor allem qualifizierte und talentierte Kandidaten zur Kontaktaufnahme zu bewegen?

Kontaktaufnahme erleichtern

Bewerber ziehen es vor, mit einem Unternehmen online unkompliziert in Kontakt zu treten. Ansprechpersonen mit Namen, alle Kontaktmöglichkeiten wie E-Mail, Telefonnummer, eventuell sogar Fotos, welche Person für welche Fragen, Kontaktformulare und E-Mail-Adressen gehören zum Beispiel dazu.

Klar zum Bewerbungsablauf informieren

Klare Informationen zum Bewerbungsablauf müssen Sicherheit geben. Was kann per E-Mail in digitaler Form, was per Post eingesandt werden, wie steht es um den Datenschutz, was geschieht nach der Bewerbung, wer beantwortet welche Fragen, sind solche Informationen. Sinnvoll können auch Frequently Asked Questions sein, also sogenannte FAQ's, die in Frageform Antwort auf häufige Bewerberfragen geben.

Auf Anfragen schnell reagieren

Nach zwei, höchstens drei Tagen sollte auf Anfragen und Bewerbungen eine Reaktion eintreffen – das Internet ist ein schnelles Kommunikationsmedium. Besonders gut macht sich eine Zwischenbestätigung innerhalb von 24 Stunden per E-Mail, in dem für die Bewerbung und das Interesse am Unternehmen gedankt und über den weiteren Ablauf informiert wird.

Informationen zum Ausdrucken

PDF-Dokumente, die heruntergeladen und ausgedruckt werden können (Bewerbungsablauf, Arbeitgeberleistungen, Kernanforderungen), kommen gut an und informieren Interessierte über die flüchtige Website hinaus – dies kann auch den Online-Bewerbungsbogen betreffen oder ein Angebot zu Mehrinformationen auf dem Postweg.

Aktualität

HR-Websites mit veralteten Terminangaben wie verstrichenen Bewerbungsfristen oder Jobmessen, die ein Jahr zuvor stattfanden, beeinträchtigen die Glaubwürdigkeit und deklassieren eine Website genau so wie fehlerhafte Links. Daher ist eine sorgfältige periodische Prüfung der HR-Website auf Aktualität, Korrektheit und Genauigkeit hin besonders wichtig, vor allem auch was die Datumsangaben betrifft.

Interaktion

Die Stärken des Internets sind, dass man unmittelbar mit dem Kandidaten kommunizieren kann. Daher sollte einem potenziellen Bewerber die Möglichkeit gegeben werden, wenigstens per E-Mail mit dem Unternehmen kommunizieren zu können. Darüber hinaus gibt es weitere interessante Interaktionsmöglichkeiten Facebook, Social Bookmarking, Blogs, personalisierte Bewerber-Accounts und mehr.

Gehaltvolle Informationen

Seitenlange Informationen zur Unternehmenshistorie mit Firmengebäude oder endlose Selbstdarstellungen sind wenig bis gar nicht interessant. Konkrete Informationen zu den ausgeschriebenen Stellen, Entwicklungs- und Karrieremöglichkeiten, die Unternehmens- und Führungskultur, Angebote zur Personalentwicklung, das Vorgehen des Bewerbungsablaufes sind hingegen schon eher Informationen, die auf Interesse stossen.

Datensicherheit und Datenschutz

Fehlende Informationen bezüglich der Datensicherheit oder eine ungesicherte Übertragung der Bewerberdaten erschweren das Vertrauen in eine Online-Bewerbung oder halten gewisse Bewerber sogar von einer Bewerbung ab. Deshalb sind hier technische Vorkehrungen und klare und glaubwürdige Informationen zur Datenübertrag und Diskretion im Umgang mit Bewerberdaten äusserst wichtig.

E-Assessment-Angebote

Es handelt sich hier um spezielle, einfachere Formen des klassischen Assessment Centers, welche in die bestehende Personal-Webseite eingebunden werden können. Oft sind es spielerische, simulative Angebotsformen interaktiver Art. Sie werden wegen ihrer spielerischen Komponente mit einem gewissen Unterhaltungscharakter auch als „Recrutainment" bezeichnet. Sie können traditionelle Auswahlmethoden sicher nicht ersetzen, diese aber sinnvoll ergänzen und erweitern.

Testmöglichkeiten

Diese sind natürlich in den Möglichkeiten und Themen beschränkt. Getestet werden können ansatzweise oder in bestimmten Bereichen Ziele und Vorstellungen, Erwartungen, Kreativität, Arbeitsnaturell, Laufbahn und Karrierewünsche, Motivierbarkeit, gewisse Formen von Sozialkompetenzen, Fragen zum Fachwissen, Branchen- und Produkterfahrung und einiges mehr.

Vorteile von E-Assessments

E-Assessments können einen zusätzlichen Filter bilden, um Vorauswahlen zu treffen. Dies besonders dann, wenn sie mit webbasierenden Recruiting-Tools oder Bewerber-Datenbank-Software verknüpft sind. E-Assessments können von 10 Minuten bis zu einer Stunde und mehr dauern. Daher sind Interessenten, die diese abschliessen bezüglich Ernsthaftigkeit der Bewerbung und Ausprägung des Interesses oft überdurchschnittlich, was ein weiteres Qualitätskriterium darstellt.

Anregungen und Prüfpunkte zur HR-Website

	prüfen	realisieren	verbessern
Aktualität und Informationsgehalt der Stellenanzeigen			
Einfachheit und Logik der Navigationsstruktur			
Responsemöglichkeit und Ansprechpartner			
Klarheit und Anordnung der Informationen			
Originalaussagen evtl. in Videocasts, von Mitarbeitern			
Unternehmen in Presse und Öffentlichkeit			
Aktuelle Projekte, Trends, Zahlen und Fakten			
Bewerbungsmöglichkeiten via Online-Formular			
Moderne und attraktive Präsentation			
Live-Betriebsrundgang mit Bildern oder gar Videos			
Aussagen, Porträts und Meinungen von Kunden			
Zielgruppen-Rubriken nach Funktionen oder Positionen			
Interaktive Selbstbewertungsmöglichkeiten			
Spezielle Rubrik für High Potentials/Studenten			
Newsletter-Angebot für Vakanzen und News			
Bestellmöglichkeit von Broschüren und Infomaterial			
Aussagen zur Firmenphilosophie evtl. mit Leitbildauszügen			
Gesellschaftliche Engagements und Aktivitäten			
Kundenzeitschrift oder Kundenmeinungen			
Frequently asked Questions zum Ablauf der Bewerbung			
Erläuterung des Bewerbungsprozesses und Ablauf			
Unkomplizierte und zeitsparende Online-Bewerbungstools			
Miteinbezug der Employer-Branding-Faktoren			
Social Media-Verknüpfungen (Facebook, Linkedin usw.)			

Analyse der Bewerbungen

Beurteilung und Bewertung der Bewerbungen

Die Bewerbungsunterlagen bilden den ersten Kontakt mit den an der Stellenausschreibung interessierten Kandidaten. Diese sollten systematisch und umfassend analysiert werden, da sie die Grundlage für die in die engere Wahl kommenden Bewerber bilden, die zu einem Interview eingeladen werden.

Aus den Bewerbungsunterlagen, d.h. vor allem aus Lebenslauf und Zeugnissen, verschafft man sich einen ersten Überblick, welche Ausbildung, Qualifikation, berufliche Erfahrungen und Kenntnisse der Bewerber hat. Somit kann man den beruflichen Werdegang mit allen Positionen über einen längeren Zeitraum hinweg analysieren. Man sieht, ob der Kandidat jeweils nur für kurze Zeit in einem Unternehmen tätig war und häufig wechselte, oder eher über einen längeren Zeitraum bei einem solchen beschäftigt war. Der Lebenslauf gibt ferner Auskunft darüber, wie sich Ihr Bewerber beruflich entwickelt hat, d.h. ob es eine stetige Aufwärtsentwicklung - eine "Karriere" - gab, ob er vielleicht mit wechselnder Verantwortung betraut war oder ob ein gleichbleibendes berufliches Niveau vorliegt.

Ausserdem gewinnt man wichtige Informationen aus den vorhandenen Arbeitszeugnissen. Die Formulierungen und Aussagen der Zeugnisse zeigen, wie andere Rekrutierer die Leistungen und das Verhalten des Bewerbers beurteilten. Auch wenn heutzutage Arbeitnehmer immer öfters Einfluss auf die Gestaltung ihrer eigenen Zeugnisse nehmen, so bleiben einem Arbeitgeber dennoch genügend Freiräume, seine eigene Meinung zu Leistung und Engagement der Mitarbeiter mitzuteilen.

Eine weitere nicht zu unterschätzende Informationsquelle ist das eigentliche Bewerbungsschreiben. Neben den sachlichen Daten liefert es Informationen über die Persönlichkeit und Ambitionen des Bewerbers und sein schriftliches Ausdrucksvermögen. Es lässt sich beispielsweise erkennen, ob der Stil sachlich oder mehr bildhaft, prägnant oder ausschweifend selbstbewusst oder eher zurückhaltend ist. Zu bedenken ist allerdings dabei, dass der Bewerberbrief nicht unbedingt durch den Bewerber selbst erstellt sein muss und mangelnde sprachliche Begabungen ein zu Unrecht falsches Bild vermitteln können. Durch alle diese Informationen erfährt man einiges über den Bewerber und ist in der Lage, sich ein erstes grobes Bild von ihm zu machen.

Die Wertigkeit der Unterlagen

Die Wertigkeit der Elemente von Bewerbungsunterlagen kann nicht pauschal beantwortet werden, denn sie hängt auch stark von der ausgeschriebenen Stelle, von den Anforderungen, von der Persönlichkeit und individuellen Präferenzen des Bewerbers ab. Ist zum Beispiel ein Begleitschreiben besonders individuell, aussagekräftig und sprachlich überdurchschnittlich gut abgefasst, kann dieses dadurch eine erstrangige Bedeutung bekommen. Handelt es sich um eine Stelle, die vor allem eine fundierte und spezielle Fachkompetenz erfordert, so werden je nach Informationsgehalt die Arbeitszeugnisse oder der Lebenslauf besonders wichtig sein.

Inhalt der Unterlagen und formale Gestaltung

- Ist die Präsentation der Unterlagen stellenentsprechend?
- Sind alle Unterlagen sauber und geordnet, sind sie lesefreundlich?
- Sind die Unterlagen vollständig?
- Welche wichtigen Informationen bieten die Unterlagen?
- Wie stellt sich der Bewerber selber dar?

Begleitbrief

Der Begleitbrief vermittelt einen ersten Eindruck über Selbstdarstellung, Denkgenauigkeit, sprachliches Ausdrucksvermögen, die Art und Weise der Selbsteinschätzung und den Bezug auf die ausgeschriebene Stelle. Er zeigt die Bedeutung, die der Bewerbung beigemessen wird und lässt die Motivation für die Position erkennen. Zur Beurteilung der diversen Punkte sind folgende Beurteilungskriterien von Vorteil:

- Ist die Anrede im Begleitbrief persönlich?
- Ist es ein Rundbrief oder eine individuelle Ansprache?
- Nimmt der Brief Bezug auf das Stelleninserat? Wie knüpft der Bewerber an das Inserat und die darin beschriebene Stelle an?
- Welches sind die Motive für den Stellenwechsel/die Stellensuche?
- Sagt der Bewerber, was ihn an der Stellenausschreibung angesprochen hat oder weshalb ein Stellenwechsel angestrebt wird?
- Sind die Aussagen klar gegliedert und der Aufbau übersichtlich?
- Ist der Grundtenor positiv, aktiv und lebendig?
- Zeigt der Brief Ideen, individuelle Vorstellungen und Erwartungen? Wie individuell präsentiert sich der Bewerber?
- Ist die Darstellung logisch, ansprechend und gut strukturiert?
- Lassen Fehler, schlechte Formulierungen, zu komplizierter Satzbau auf mangelnde kommunikative Fähigkeiten schliessen?
- Täuscht hier jemand Erfahrungen vor, die im Lebenslauf und in den Arbeitszeugnissen gar nicht ersichtlich sind, betont aber gleichzeitig, dass er den Anforderungen der ausgeschriebenen Position voll entspricht?

Der Lebenslauf

Der Lebenslauf informiert über die berufliche Entwicklung und Karriere eines Bewerbers. Bei seiner Bewertung ist besonders auf die Gesamtentwicklung, den "roten Faden", der sich durch die Ausbildung und die Berufstätigkeit ziehen sollte und eine möglichst lückenlose und in sich stimmige History, zu achten. Was sagt der Lebenslauf über Alter, Aus- und Weiterbildung und die Initiative dazu und Erfahrungen und Spezialkompetenzen des Bewerbers im Gesamtbild? Zeiträume ohne Angaben und Widersprüchlichkeiten sollten im Vorstellungsgespräch geklärt werden. Wie steht es um die logisch aufeinanderfolgenden beruflichen Stationen nach der Ausbildung, wie z.B. unerklärten und häufigen Wechsel von Branchen, Firmenarten, Tätigkeiten oder Positionen?

Zudem ist die Beschäftigungsdauer zu prüfen, bei der in der Regel zwei bis vier Jahre oder mehr beim ersten, etwa fünf Jahre im Durchschnitt bei allen weiteren Unternehmen gelten. Überschreitungen nach oben oder unten sind akzeptabel oder je nach Art der Stelle sogar wünschenswert. Solche Interpretationen müssen aber immer im Gesamtbild eines Lebenslaufes und der beruflichen Tätigkeit betrachtet werden. Folgende Fragen erlauben, den Entwicklungsverlauf des Bewerbers und weitere relevante Punkte umfassend zu beurteilen:

- Ist es ein Standard-Lebenslauf oder weicht er von starren Konventionen ab und enthält eigene Ideen und Aussagen?
- Welche Information will der Bewerber ins Zentrum rücken, wie präsentiert er sich?
- Deutet der Lebenslauf auf Entschlossenheit in der beruflichen Zielsetzung?
- In welchen Branchen hat der Bewerber gearbeitet?
- Hat der Bewerber in Firmen gearbeitet, die sich in Art und Grösse mit der eigenen Firma vergleichen lassen?
- Hat der Bewerber viele verschiedene Berufe ausgeübt?
- Hält der Bewerber einer Stelle für längere Zeit die Treue oder wechselt er regelmässig nach kurzer Zeit?
- Deuten die Stellenwechsel auf einen beruflichen Auf- oder Abstieg?
- Hat er Stellen ausschliesslich aufgrund besserer Bezahlung gewechselt?
- Weist der Lebenslauf zeitliche Lücken auf? Verschweigen diese Lücken längere Krankheitszeit, Arbeitslosigkeit oder Haftstrafen?
- Wie steht es um die Führungsverantwortung und die Führungsspanne?

- Stehen die erworbenen Fachkenntnisse und –erfahrungen in einem logischen Zusammenhang mit den Arbeitszeugnissen und den Weiterbildungsaktivitäten?
- Ist eine sinnvolle und konsequent betriebene Weiterbildung ersichtlich? (Hier ist zum Beispiel zu beachten, ob Weiterbildungsaktivitäten mit den Anforderungen der von Ihnen ausgeschriebenen Stelle übereinstimmen resp. eine folgerichtige Zielsetzung dahinter zu erkennen ist).
- Zeigt sich in der Wahl der Branchen und Tätigkeiten ein roter Faden und eine gewisse Zielsetzung und Konzentration?
- Ist der Lebenslauf tabellarisch, wird eine sinnvolle und klare Gliederung eingehalten?

Besonders zu achten ist auch auf eine eventuelle Überqualifikation des Bewerbers, ein Aspekt, der häufig unterschätzt wird.

Arbeitszeugnisse

Das wesentlichste Kriterium ist sicher die Aussage über *Art und Inhalt der Tätigkeit* eines Bewerbers. Aussagen über die Leistung und das Verhalten sind wohl wichtig, doch Urteile oft auch subjektiv gefärbt und der Realität nicht unbedingt immer entsprechend.

Je kürzer der Zeitraum ist, über den ein Zeugnis berichtet, desto geringer ist der Aussagewert über die Leistungen und das Verhalten eines Mitarbeiters. Selbst nach sechs oder zwölf Monaten kann man meistens noch keine abschliessende und tragbare Beurteilung erwarten. Erst nach mehrjähriger Zusammenarbeit ist eine fundierte Qualifikation möglich.

Ein wohlwollender Arbeitgeber ist meistens bereit, einem durchschnittlichen Mitarbeiter ein gutes Zeugnis auf den Weg zu geben. Die Interpretation von Zeugnissen ist sehr heikel und sollte mit grosser Vorsicht angegangen werden. Sind in einem Zeugnis nur *selbstverständliche Leistungen* und Fähigkeiten erwähnt, deutet dies meistens auf einen bloss durchschnittlich leistungsfähigen Arbeitnehmer.

Bei der Interpretation von Zeugnissen ist besonders auf *Lücken* und andere Codierungstechniken zu achten. (Dazu die Codeliste in diesem Buch mit Beispielen). Äussert sich etwa ein Arbeitgeber sehr positiv über die Leistungen eines Mitarbeiters, sagt aber kein Wort über sein Verhalten, so ist damit zu rechnen, dass der betreffende Bewerber im Umgang schwierig sein kann. Ein wichtiger Indikator für die Qualität des Verhältnisses zwischen Arbeitgeber und Arbeitnehmer ist der *Grad der Wärme und des Wohlwollens,* den ein Zeugnis aufweist. Herrscht ein frostiger, unverbindlicher Ton vor und fehlen persönliche und individuelle Aussagen, könnte dies auf ein schlechtes Arbeitsverhältnis hindeuten. Hat ein Bewerber zum grösseren Teil nur *Arbeitsbestätigungen* vorzuweisen, so ist Vorsicht geboten. Da Arbeitsbestätigungen nichts über die Leistungen aussagen, werden sie meistens von einem Arbeitnehmer nur dann verlangt, wenn er eine schlechte Leistungsbeurteilung zu erwarten hat. Einer einzelnen Arbeitsbestätigung unter vielen guten Zeugnissen sollte allerdings kein Gewicht beigemessen werden.

Die wichtigsten Fragen zu Zeugnissen auf einen Blick:

* Sind die Zeugnisse vollständig und ohne Lücken vorhanden?
* Worin bestand seine Tätigkeit?
* Wie werden Leistung und Verhalten beurteilt?
* Wie lange hat der Bewerber in einem Betrieb gearbeitet?
* Was war jeweils der Grund des Stellenwechsels?
* Stehen gewisse Aussagen im Widerspruch zu anderen?

Arbeits-, Ausbildungs-, Schulzeugnisse, Praktika

Die Schul- und Ausbildungszeugnisse sind eigentlich eher nur bei Berufsanfängern oder besonders langen Studienzeiten wichtig. Zeugnisnoten dürfen nicht überbewertet werden, schon gar nicht, wenn diese zeitlich lang zurückliegen. Sie sind kein absolutes Leistungskriterium, da das Anforderungsniveau von Schule zu Schule stark variieren kann und sich das Schulwissen von den beruflichen Anforderungen erheblich unterscheidet.

Praktika während der Ausbildung und Auslandsaufenthalte sind meist ein Zeichen für Initiative und Flexibilität und die Bereitschaft und das Interesse an Sprachen und Kontakten zu Menschen unterschiedlichster Kulturen.

Foto-Beilage

* Ist es eine billige s/w-Kopie oder ein qualitativ gutes Passfoto?
* Ist die Person gepflegt, sympathisch, hat sie eine Ausstrahlung?
* Passt sie vom Typ her in das Team und in die Unternehmenskultur? (streng konventionell, oder modern, aufgeschlossen)

Gehaltsvorstellung

- Ist die Lohnerwartung (falls erwähnt) der Stelle angemessen?
- Bewegt sie sich in dem von Ihnen budgetierten Rahmen?
- Orientiert sie sich am Marktniveau?
- Entspricht sie der Erfahrung, dem Alter und den Qualifikationen?
- Wird für eine extrem höhere oder tiefere Forderung eine Begründung angegeben oder verfügt der Bewerber über Qualifikationen und Erfahrungswerte, die die Lohnhöhe rechtfertigen?

Weiterbildungsbelege

- Werden solche überhaupt beigefügt oder fehlen sie, obwohl sie im Lebenslauf genannt werden?
- Was wird über die Leistungen und die Fächer ausgesagt?
- Sind die Kurse abgeschlossen worden?
- Lassen die Weiterbildungsbelege einen roten Faden erkennen oder sind sie sprunghaft und punktuell?
- Wie hoch ist der Weiterbildungsanteil zu Tätigkeiten und Aufgaben mit Bezug auf die von Ihnen ausgeschriebene Stelle?
- Zeigt der Kandidat Durchhaltewillen, Ausdauer und Initiative?

Arbeitsproben

- Liegen solche bei, sagen sie etwas über Tätigkeiten aus?
- Wie ist deren Qualität und Aussagekraft?
- Haben sie einen Bezug zur von Ihnen ausgeschriebenen Stelle?
- Verraten sie nebst der Qualifikation auch etwas über den Charakter und die Arbeitsethik?

Wie ist der Gesamteindruck?

- Sind die im Stelleninserat genannten Kriterien positiv?
- Ist das Gesamtbild in sich stimmig und ist der Bezug zur von Ihnen ausgeschriebenen Stelle mehrheitlich vorhanden?

Eintrittstermin

- Wie steht es um die Kündigungsfrist?
- Ist ein sofortiger Stellenantritt in Ihrem Fall ein grosser Vorteil?
- Kann darüber allenfalls gesprochen werden?
- Stellt er für die Einführung und die Aufgaben keine Probleme dar?

Ergänzende Formulare und Checklisten

Auf den folgenden Seiten finden Sie Formulare, Checklisten und eine Liste von Zeugniscodierungen und dazu gehörende Kommentare.

Positionen eines Lebenslaufes und die Aussagen

Die nachfolgende Tabelle hilft Ihnen, die Positionen und deren Inhalte auf Vollständigkeit, Aussagen und qualitative Merkmale hin zu überprüfen. Nicht alle Positionen müssen allerdings in dieser Form vorhanden sein (z.b. ausserberufliches Engagement, Freizeitaktivitäten).

Positionen	Inhaltliche Angaben und Beispiele
Allgemeine Informationen	Alter, Geschlecht, Familienstand, Adresse, Kontaktinformationen
Herkunftsfamilie	Grösse, sozialer Status, Beruf und Ausbildung der Eltern
Familie	Grösse, Anzahl der Kinder, Beruf und Ausbildung des Partners
Schulischer Werdegang	Lieblingsfächer, Leistungen, Aussagen zu den Klassen und Stärken und Schwächen
Ausbildung	Ausbildungswahl, Schwerpunkte, Gründe für Fehlleistungen, Kongruenz mit den übrigen Unterlagen und der von Ihnen ausgeschriebenen Stelle
Arbeit und Berufserfahrung	besondere Kenntnisse, Gründe für die Arbeitsplatzwahl, Häufigkeit und Zeitverlauf der Arbeitsplatzwechsel, konkreter Tätigkeitsbeschreibung, stichwortartige Kernpunkte der gesammelten Erfahrungen
Freizeit und Interessen	Hobbys, ausserberufliches Engagement, soziale Aktivitäten
Selbsteinschätzung	besondere Stärken und Schwächen, Verbesserungsmöglichkeiten, Gründe für Fehlschläge
Ziele und Pläne	persönliche Ziele und Aktivitäten, Ziele für die Kinder, Beurteilung der Zukunft und zu erkennende Grundhaltung

Beurteilung der Glaubwürdigkeit eines Zeugnisses

Bedenken Sie: Ein Zeugnis qualifiziert stets nicht nur den Arbeitnehmer, sondern auch den Aussteller des Zeugnisses. Interpretationen sind mit Vorsicht anzugehen und sollten im Rahmen des Gesamtbildes und mit anderen Zeugnissen vorgenommen werden.

☐ Lässt der berufliche Werdegang auf eine erfolgreiche Entwicklung im Unternehmen schliessen?

☐ Ist die Tätigkeitsbeschreibung – soweit ersichtlich – nach der Bedeutung der Aufgaben geordnet (das Wichtigste zuerst)?

☐ Ist die Tätigkeitsbeschreibung in ihrem Umfang der Tätigkeit angemessen?

☐ Werden klare und unmissverständliche Aussagen zur Arbeitsqualität, dem Kernpunkt eines Zeugnisses, gemacht?

☐ Sind die Leistungs-, Tätigkeits- und Verhaltensaussagen konkret, relativ detailliert und nachvollziehbar?

☐ Ist die Struktur mindestens ansatzweise gegeben, resp. werden alle folgenden oder die meisten Elemente erwähnt: Personalien, Stellung im Betrieb/Funktion, Aufgaben, Arbeitsbereitschaft/Leistung, Arbeitsbefähigung/Fachwissen, Arbeitsweise/Arbeitserfolg, Verhalten, Kündigungsgrund, Schlusssatz, Ausstellungsort, -datum und Unterschrift(en)?

☐ Lässt die Schlussformel mit Sicherheit auf ein einvernehmliches Ausscheiden aus dem Unternehmen schliessen?

☐ Wird ein Austrittsgrund genannt? (Das Fehlen eines Austrittsgrundes kann auf eine Entlassung hindeuten, die Formulierung des Austrittsgrundes wird übrigens oft mit einer indirekten Qualifikation verbunden.)

☐ Ist der Unterzeichnende in Funktion und Kompetenz ausgewiesen?

☐ Bestehen keine widersprüchlichen Aussagen oder Beurteilungen?

☐ Vermittelt das Zeugnis ein objektives und ausgewogenes Gesamturteil oder enthält es in allen Punkten nur "Bestnoten"?

☐ Ist das Zeugnis fehlerfrei und mindestens in grossen Teilen sprachlich korrekt formuliert?

☐ Ist die Darstellung sauber und übersichtlich?

Formular Kurzbeurteilung Bewerbungsdossier

Datum:	Stellenbezeichnung:
Abteilung:	Zuständig für Rekrutierung:

Stellenausschreibung am:	Zieldatum Stellenbesetzung:

Name Bewerber:	Eingang Bewerbung:

Eindruck Unterlagen:

☐	sehr gut, weil
☐	gut, weil
☐	mangelhaft, weil

Vorstellungsgespräch am:	Uhrzeit:

Bemerkung, was zu beachten:

Weitere Teilnehmer:

Bemerkungen:

Name Bewerber:	Eingang Bewerbung:

Eindruck Unterlagen:

☐	sehr gut, weil
☐	gut, weil
☐	mangelhaft, weil

Vorstellungsgespräch am:	Uhrzeit:

Bemerkung, was zu beachten:

Weitere Teilnehmer:

Bemerkungen:

Relevanz und Stellenwert von Bewerbungsunterlagen

Skala: +++ hoch /++ begrenzt /- gering			
Elemente	Aussagen-Relevanz		
	+++	++	-
Begleitbrief			
Form und Handschrift		x	
Inhalt		x	
Lebenslauf			
Gestaltung		x	
Inhalt	x		
Familie		x	
Hobbys		x	
Berufliche Aussagen	x		
Berufliche Erwartungen	x		
Weiterbildungsaktivitäten	x		
Foto			
(nicht messbar, rein subjektiv)			
Grösse/Farbe			x
Schulzeugnis			
Ausbildungsdauer		x	
Noten und Beurteilungen		x	
Benotungsschwerpunkte		x	
Ausbildungsdokumente			
Ausbildungsdauer		x	
Notentrend		x	
Benotungsschwerpunkte	x		
Weiterbildungsbelege			
Fachbereiche	x		
Wert der Weiterbildung	x		
Arbeitszeugnisse	x		
Referenzen	x		
Arbeitsproben		x	
Personalfragebogen		x	

Qualitätsbeurteilung von Bewerbungsunterlagen

Datum:	Stellenbezeichnung:
Name des Bewerbers:	Abteilung:
Zieldatum Stellenbesetzung:	Eingang Bewerbung:
Weitere Behandlung:	□ ja □ nein

Bewertungsskala:

+++ gut bis sehr gut	++ zufriedenstellend/OK	- ungenügend/schlecht

Checkpunkte/Elemente	+++	++	_
Vollständigkeit und Form			
Sprachliche Korrektheit			
Äussere Gestaltung und Form			
Bewerbungsschreiben (Sprache, Inhalt)			
Wenn vorhanden, Eindruck Foto			
Zeugnisse (Vollständigkeit und Aussagen)			
Berufserfahrung			
Qualifikation			
Diplome und Weiterbildungsaktivitäten			
Allfällige Arbeitsproben			
Gesamteindruck:			

Wie reagieren und verbleiben?		
Abklärung oder Nachfrage notwendig?	□ ja	□ nein
Lohnerwartung innerhalb des Budgets:	□ ja	□ nein

Möglicher Eintrittstermin:

Bemerkungen:

Formular zur Analyse einer Einzelbewerbung

Datum:	Stellenbezeichnung:			

Name, Adresse des Bewerbers:

Eingang der Bewerbung:	Uhrzeit:	Bewerber-Nummer:

Skala: +++ sehr gut / ++ in Ordnung / ? nachfragen

	+++	++	?
Bewerbungsunterlagen			
Formale Gestaltung aller Unterlagen			
Eigene Ideen in Präsentation oder Zusatzunterlagen			
Vollständigkeit und Aufbau der Unterlagen			
Weist der Lebenslauf Lücken auf?			
Sind die Zeugnisse vollständig?			
Genügend und glaubwürdige Referenzen?			
Sind zusätzlich verlangte Unterlagen enthalten?			
Stilistische und sprachliche Form des Briefes			
Bewerbungsschreiben (Grund der Stellensuche?)			
Lebenslaufanalyse			
Zeitfolgeanalyse und Positionsanalyse			
Firmen- und Branchenanalyse			
Sinnvoller Verlauf der beruflichen Entwicklung?			
Zeugnisanalyse			
Qualifikationen			
Dauer der Anstellungsverhältnisse			
Leistungsaussagen			
Verhaltensaussagen			
Tätigkeitsbereiche in Relation zur vakanten Stelle			
Fragen, Unklarheiten, Widersprüche und weitere Punkte			

Analyse von Bewerbungsdossiers

Diese Tabelle befindet sich als Excel-Datei "Bewerbungsunterlagen.xls" auf der CD-ROM und berechnet automatisch die Rangfolge und das Summentotal pro Bewerber

Skala: 1 = unbrauchbar / 2 = schwach / 3 = ungenügend

4 = zufriedenstellend / 5 = gut / 6 = sehr gut

Kriterium	Bewerber A bis F					
	A	**B**	**C**	**D**	**E**	**F**
Begleitbrief	2	1	2	2	2	2
Lebenslauf	3	3	3	3	3	3
Zeugnisse	5	3	3	5	5	3
Gesamteindruck	4	4	2	4	4	4
Eindruck Foto	5	6	6	6	6	6
Erfahrung	6	4	4	4	4	2
Fachliche Qualifikation	4	4	4	4	4	2
<Ihre Kriterien>	3	3	3	3	3	3
<Ihre Kriterien>	5	2	2	2	2	2
<Ihre Kriterien>	4	1	1	1	1	1
Summe:	**41**	**31**	**30**	**34**	**34**	**28**
Rangfolge:	1	5	4	2	2	6

Bemerkungen und Kommentare

Formular für telefonische Spontanbewerbungen	
Datum:	Stellenbezeichnung:
Name des Bewerbers:	
Datum der Bewerbung:	Uhrzeit:
Abteilung:	
Zieldatum Stellenbesetzung:	
Tätigkeit/Beruf zur Zeit:	Alter:
Lohnerwartung:	Möglicher Eintritt am:

Wie und wo auf uns gestossen (Empfehlung, Inserat, Mitarbeiter):

Interesse für Abteilung/Tätigkeit bei uns:

Spontaneindruck aufgrund des Telefonats:

☐ Interessent reicht Bewerbung ein

Wie behandeln:

☐	Sofort zu Vorstellungsgespräch einladen	☐	Personalbogen zusenden
☐	Absage erteilen	☐	Vorgesetzten informieren, abklären lassen

Bemerkungen:

Kontrollblatt für Bewerbungsunterlagen

Datum:	Stellenbezeichnung:
Bewerber-Nummer:	
Name des Bewerbers:	
Adresse:	
Tel. privat:	Tel. Geschäft:
Handy:	E-Mail:
Geburtsdatum:	Zivilstand:
Nationalität:	
Kinder:	Arbeitsbewilligung:
Tätigkeit/Beruf zur Zeit:	

Eingang der Bewerbung:

Fachbereich:	Zieldatum Stellenbesetzung:
Eingereicht am:	
Wie? ☐ Inserat / Zeitung	☐ Personalvermittler
1. Geduldbrief geschickt am:	Stichwort:
2. Geduldbrief geschickt am:	Stichwort:

Lohnerwartung:	Möglicher Eintritt am:
Erledigt von:	
Erledigt wann:	

Weitere Schritte

(Weitere Bearbeitung noch offen, nähere Abklärungen vornehmen, bzw. Zweitmeinung einholen)

1.	**Absage**	
☐	Absage mit Standard-Brief	Stichwort:
☐	Spezielle Absage mit Brief	Stichwort:

2.	**Einholen weiterer Unterlagen**	
☐	Bitte anrufen und folgende Unterlagen verlangen:	Stichwort:

3.	**Vorstellungsgespräch vereinbaren**

Mit dabei:

☐ noch informieren   ☐ ist schon informiert

Zeitrahmen:

Termin 1:

Termin 2:

Massnahme

wann?	erledigt?	
Was?	zuständig	Datum/ Zeit
Dossierkopie gesandt an		
Dossierkopie gesandt an		
Interviewtermin bei		
Interviewtermin bei		
Firma/Bereich erklärt, Anstellungsbedingungen erläutert		
Bemerkungen		

Zeugniscodierungen

Zeugniscodes weisen mit bestimmten Zeugnisfloskeln auf verdeckte Bedeutungen hin. Auf den folgenden Seiten finden Sie eine Übersicht der gebräuchlichsten Formulierungscodes und deren Bedeutung, die Ihnen helfen soll, Zeugnisse zu interpretieren. Bedenken Sie allerdings, dass diese nicht immer eindeutig interpretierbar sind und keine exakt definierten Vorstellungen der codierten Aussagen bestehen. Zudem hängt es auch vom Zeugnisaussteller ab, ob diese Codes korrekt angewendet oder gar in deren Unkenntnis derartig formulierte Aussagen gemacht werden, die durchaus positiv gemeint sind, aber einen codierten Eindruck hinterlassen.

Die umfangreiche Auflistung von Geheimcodes und deren Bedeutung entspricht nicht unbedingt der Entwicklung hin zu codefreien Zeugnissen. Wir haben diesem Thema aber dennoch bewusst Raum gewidmet, weil nach wie vor Tausende von Zeugnissen mit Codes zirkulieren, zahlreiche Verfasser diese Codierung nach wie vor einsetzen und anwenden und die Verunsicherung auf diesem Gebiet besonders gross ist.

Wir empfehlen Ihnen mit diesen Beispielen nicht, solche Codierungs- und Verschlüsselungstechniken anzuwenden. Wir möchten Ihnen primär bei der Interpretation von Zeugnissen behilflich sein, um mögliche Warnsignale erkennen zu können. Seien Sie sich allerdings bewusst – auch beim Verfassen von wichtigen Zeugnissen – dass unbeabsichtigte Formulierungen in die eine oder andere Richtung beim Zeugnisleser ungewollt den entsprechenden Eindruck hinterlassen können.

Zeugniscodierungsbeispiele und Interpretation

Zur Vorsicht mahnende, eher schlechte Aussagen zur Arbeitsbereitschaft /Arbeitsbefähigung	Mögliche Schlussfolgerungen
Er zeigte sich den Belastungen grösstenteils gewachsen.	Die einerseits zeitliche und andererseits einschränkende Formulierung zeigt, dass dieser Mitarbeiter die Nerven sehr schnell verliert und mit Stresssituationen nicht umgehen kann.
Er/Sie setzte sich im Rahmen seiner/ihrer Möglichkeiten/Fähigkeiten ein.	Note: Ungenügend.
Er/Sie hat sich mit ganzer Kraft eingesetzt und damit/dabei bewiesen, dass er/sie ein(e) gute(r) ... sein kann.	Sein kann; aber normalerweise nicht ist.
Er/Sie hat alle/die ihm übertragenen Arbeiten mit grossem Fleiss und Interesse erledigt.	Er/Sie war zwar eifrig, aber nicht besonders tüchtig
Er/Sie bemühte sich/hat sich bemüht, den Anforderungen gerecht zu werden.	Er/Sie hat versagt und genügte den Leistungen grösstenteils nicht
Er/Sie war immer/stets mit Interesse bei der Sache.	Zeigte zwar Interesse, genügte den Leistungen aber dennoch nicht
Er/Sie war Neuem gegenüber stets aufgeschlossen.	Er/Sie lehnte es aber ab, Neues zu verarbeiten und zu integrieren.
Die Aufgaben, die wir ihm/ihr übertrugen/Die ihm/ihr übertragenen Aufgaben hat er/sie zu unserer Zufriedenheit erledigt.	Sonst hat er/sie allerdings keine Aufgaben zu unserer Zufriedenheit erledigt = Unselbstständig, ohne Eigeninitiative.
Er/Sie verfügt über Fachwissen und zeigt ein gesundes Selbstvertrauen.	Geringes Fachwissen, welches mit grossspurigem Auftreten kompensiert wird.
Er/Sie hatte Gelegenheit, sich das notwendige Wissen anzueignen.	Leider hat er/sie diese Gelegenheit nicht genutzt.

Positive, gute bis sehr gute Aussagen zur Arbeitsweise/Arbeitserfolg (Leistung)	Mögliche Schlussfolgerungen
Frau Muster hat die ihr übertragenen Aufgaben stets zu unserer **vollsten** Zufriedenheit ausgeführt.	(Sprachlich unsinnig) Eine überdurchschnittlich gute bis sehr gute Mitarbeiterin, die überwiegend sehr gute Leistungen erbracht hat.
Frau Muster erbrachte jederzeit hervorragende Leistungen in quantitativer und qualitativer Hinsicht.	Sehr gute Leistungen mit eindeutiger Bestnote.
Herr Muster hat die ihm übertragenen Aufgaben stets zu unserer **vollen** Zufriedenheit erledigt.	Ein sehr guter Mitarbeiter, der eine regelmässig gute Leistung erbracht hat.
Er arbeitete gewissenhaft, pflichtbewusst und umsichtig und erledigte sämtliche Arbeiten sehr gut.	Ebenfalls sehr gute und überdurchschnittliche Leistungen.
Herr Muster erledigte die ihm übertragenen Aufgaben **stets** zu unserer Zufriedenheit.	Zuverlässige Leistungen, die sich aber im Durchschnitt bewegen.

Zur Vorsicht mahnende, eher schlechte Aussagen zur Arbeitsweise/Arbeitserfolg (Leistung)	Mögliche Schlussfolgerungen
Herr Muster erledigte die ihm übertragenen Arbeiten zu unserer Zufriedenheit.	Knapp genügende Leistungen, in einer Note ausgedrückt in etwa Note 4
Er hat sich mit grossem Eifer an die Aufgabe herangemacht.	Trotz an den Tag gelegtem Eifer und Einsatzwillen mangelhafte Leistungen
Er/Sie erledigte die ihm/ihr übertragenen Arbeiten mit Fleiss und war stets willens, sie termingerecht zu beenden.	Seine/Ihre Leistungen waren unzureichend.
Besonders hervorzuheben ist seine Pünktlichkeit.	Grosse Defizite in den anderen, wichtigeren Bereichen
Herr Muster bemühte sich stets, den Anforderungen gerecht zu werden.	Ungenügende Leistungen, obwohl der Wille vorhanden war
Er war fleissig, ordentlich und erledigte die Aufgaben zu unserer Zufriedenheit.	Lediglich befriedigende Leistungen

Er erledigte die Aufgaben so gut wie möglich, wir waren im Grossen und Ganzen mit der Arbeitsleistung zufrieden.	Eindeutig unbefriedigende Leistungen
Er/Sie hat den Erwartungen entsprochen.	Er/Sie hat durchgehend schlechte Leistungen gezeigt.
Er/Sie war stets bestrebt, den Anforderungen gerecht zu werden.	Im Ergebnis hat er/sie aber keine substanziell wertvollen oder brauchbaren Leistungen erbracht.
Allen Aufgaben hat er/sie sich mit Begeisterung gewidmet.	Die Begeisterungsfähigkeit war wohl vorhanden, aber die Leistungsqualität ungenügend
Er/Sie bewältigt die ihm/ihr gemässen Aufgaben schnell und sicher.	Die ihm/ihr gemässen - nämlich die anspruchslosen Aufgaben, doch bei anderen ungenügend.
Er/Sie brachte stets Verständnis für seine/ihre Arbeit auf.	Ausser dem Verständnis war die Leistung aber ungenügend
Er/Sie hat unserer Organisation/unserem Unternehmen stets reges Interesse entgegen gebracht	Ausser dem Interesse war die Leistung aber ungenügend
Herr Muster zeigte für seine Arbeit Verständnis und war mit Interesse bei der Sache. Dabei bemühte er sich immer, allen Anforderungen gerecht zu werden.	Hier handelt es sich um einen antriebsschwachen, wenig engagierten Mitarbeiter mit eindeutig ungenügenden Leistungen
Er/Sie arbeitete mit grösster/der grössten Genauigkeit.	Ihm/Ihr fehlten Schnelligkeit und Flexibilität und ihr pedantisches Verhalten bremste sie in der Leistungserbringung
Gerne bestätigen wir, dass er/sie mit Fleiss, Ehrlichkeit und Pünktlichkeit an seine/ihre Aufgaben herangegangen ist.	Ehrlichkeit und Pünktlichkeit wurden wohl gezeigt, allerdings ohne fachliche Qualifikationen und überzeugende Leistungen.
Er/Sie war stets um gute Verbesserungsvorschläge bemüht und interessierte sich für viele Belange des Office Managements.	Ein(e) Besserwisser(in), der/die nicht in der Lage war, sein/ihr Fachwissen in die Praxis umzusetzen.
Er/Sie hat alle Arbeiten ordnungsgemäss/pflichtbewusst/ordentlich erledigt.	Ordnungssinn und Pflichtbewusstsein waren wohl vorhanden, doch die Qualität der

	Leistungen und Initiative sowie Engagement waren bei weitem nicht genügend.
Bei unseren Kunden war er/sie schnell beliebt.	Bei Verhandlungen mit unseren Kunden machte er/sie schnell Zugeständnisse.
Bei allen auftretenden Problemen war er/sie stets kompromissbereit.	Er/Sie war ein(e) äusserst nachgiebige(r) und verhandlungsschwache(r) Mitarbeiter(in).
Er/Sie war seinen/ihren Mitarbeitern jederzeit ein(e) verständnisvolle(r) Vorgesetzte(r).	Leider war sein/ihr Führungsstil ohne Autorität und Durchsetzungskraft und genügte den Anforderungen bei weitem nicht.
Positive, gute bis sehr gute Aussagen zum Verhalten	**Mögliche Schlussfolgerungen**
Im Umgang mit Vorgesetzten und Mitarbeitern war er stets zuvorkommend, freundlich und korrekt.	Ein menschlich wertvoller und sehr teamfähiger Mitarbeiter
Er war stets freundlich und aufmerksam.	Ein angenehmer Mitarbeiter, der sich gut in ein Team integrieren kann
Im Umgang mit Vorgesetzten und Mitarbeitern war sie korrekt.	Korrektes Verhalten, jedoch ohne besondere Beliebtheit und Popularität
Zur Vorsicht mahnende, eher schlechte Aussagen zum Verhalten	**Mögliche Schlussfolgerungen**
Vom Verhalten wird nichts gesagt.	Dies kann bedeuten, dass es nicht sehr zufriedenstellend war. Ist jedoch vorsichtig zu handhaben, da solche Äusserungen auch vergessen werden
Er bemühte sich stets um ein gutes Verhältnis zu seinen Vorgesetzten.	Ein unkritischer und opportunistischer Mitarbeiter ohne viel Zivilcourage, unterwürfig
Gegenüber seinen Mitarbeitern zeigte er grosses Einfühlungsvermögen.	Sucht Kontakt zum anderen Geschlecht
Bei Probleme bewies er stets Kompromissbereitschaft und Konzilianz.	Zu wenig standhaft, wollte es allen immer recht machen.
Er war tüchtig und verstand es, sich gut zu verkaufen und überall anzukommen.	Eher unangenehmer Mitarbeiter mit hohem Geltungstrieb und Hang zu Prahlerei.

Er/Sie hat es stets verstanden, seine/ihre Interessen in der Firma durchzusetzen.	Er/Sie war ein(e) unbequeme(r) und kompromisslose(r) Mitarbeiter(in).
Seine/Ihre umfassende Ausbildung als Webmaster(in) machte ihn/sie stets zu einer/-m gesuchten Gesprächspartner(in).	Er/Sie war geschwätzig und führte lange Privatgespräche, unter denen die Leistungserbringung litt.
Er/sie war (stets) ein tüchtiger Mitarbeiter(in), der/die sich gut zu verkaufen wusste.	Unangenehmer, prahlerischer Mitarbeiter mit glänzender Fassade, ohne wirkliche Qualitäten.
Er/Sie verstand es, die Aufgaben erfolgreich zu delegieren und setzte sich stets für die Förderung der Mitarbeiter ein.	Er/Sie hat kaum selbst gearbeitet und mit Gehaltserhöhungen die Mitarbeiterkritik von sich abgewendet.
Sein/Ihr Verhalten zu den Mitarbeitern war stets einwandfrei.	Ist ansonsten nicht das Gleiche vom Verhalten gegenüber Vorgesetzten gesagt worden, war sein/ihr Verhalten dieser Gruppe gegenüber nicht einwandfrei.
Wir lernten ihn/sie als umgängliche(n)/tolerante(n) Kolleg(en)/-in kennen.	Die Kollegen mögen ihn/sie als eine(n) solche(n) geschätzt haben - die Vorgesetzten nicht. Auch: Viele sahen ihn/sie lieber gehen als kommen.
Im Kollegenkreis galt er/sie als umgängliche(r)/tolerante(r) Mitarbeiter(in).	Für Vorgesetzte ist er/sie allerdings ein schwer zu führender und komplizierter Mitarbeiter.
Wir haben ihn als einen zuverlässigen IT-Supporter kennengelernt.	Er/Sie war weder bei Vorgesetzten noch bei Kollegen besonders beliebt.
Er/Sie ist immer gut mit seinen/ihren Vorgesetzten ausgekommen/ zurechtgekommen.	Er/Sie war unauffällig, ohne Durchsetzungsvermögen und eigene Meinung – eine insgesamt schwache Persönlichkeit.

Systematik in der Bewerberkorrespondenz

Die Korrespondenz mit Bewerbern und Kandidaten ist je nach Anzahl Bewerbungen, Stelle, Position und Zwischenschritten eine recht aufwendige Angelegenheit. Und trotzdem sollte gewissenhaft und zuverlässig vorgegangen werden. So verdient selbstverständlich jeder Bewerber – auch ein Spontanbewerber – eine Antwort bzw. einen Bescheid. Dies ist eine Sache des Anstandes und liegt auch im Interesse einer guten Arbeitgeber- und Unternehmensreputation.

Individuell oder automatisiert?

Wann mit Textbausteinen und Vorlagen und wann mindestens teilweise individuell kommunizieren? Hierzu kann man eine einfache Regel befolgen: Umso individueller, engagierter und interessierter ein Bewerber mit dem Arbeitgeber Kontakt aufnimmt und ernsthaft und zuverlässig an der Stelle interessiert ist, desto eher verdient er individuelle Bescheide. Hier sollte man insbesondere auf die Ablehnungsgründe eingehen. Bewerbungen, die jedoch eher in die gegenteilige Richtung gehen, können mit gutem Gewissen automatisiert und standardisiert behandelt werden. Im Zweifelsfall oder generell kann Bewerbern auch angeboten werden, sich telefonisch für nähere Informationen und Begründungen mit dem Arbeitgeber in Verbindung zu setzen. Dort wo dies dann gemacht wird, besteht auch ein grosses und tatsächliches Interesse, welches den Aufwand dann dadurch rechtfertigt.

E-Mail als Kommunikationsinstrument

Allerdings ist eine gut organisierte Handhabung, die Beachtung gewisser Regeln und der gekonnte Umgang aber Voraussetzung, um diese Vorteile nutzen zu können. Für Absagen und Zwischenbescheide wie auch für Bewerbungen kommt immer mehr das zeitsparende, einfache, schnelle und kostengünstige E-Mail-Instrument zum Einsatz. Auch wenn traditionell in Briefform kommuniziert wird, sind E-Mails für

- Zwischenbescheide und Zwischeninformationen
- Mitteilung von Wartezeiten oder Terminen
- Ergänzende Informationen und Absagen

zulässig. Für die kommenden Jahre wird, gemäss verschiedenen Studien, im Bewerbungseingang ein Anteil von nahezu 80 Prozent an elektronischen Bewerbungen prognostiziert. Der Anstieg der Formularbewerbungen auf HR-Website wird auf knapp einen Drittel geschätzt und der Anteil an Bewerbungen per E-Mail wird mehr und mehr über die Hälfte aller Bewerbungseingänge ausmachen.

Grundsätzliche Kommunikationsregeln

Nicht alle Informationen eignen sich im Kontakt mit Bewerbern für die E-Mail-Kommunikation. Wichtige und vertrauliche Informationen wie Verträge, Vereinbarungen oder vertrauliche Bewerber- und Stellendaten sind im Schriftverkehr besser aufgehoben, komplexe Zusammenhänge lassen sich dort ohnehin auch ausführlicher darstellen. Stets im Mittelpunkt stehen sollte dabei die Frage: Was ist die Botschaft, was soll sie beim Empfänger bewirken? Vermittelt die Mail wirklich eine wichtige Information oder dient sie nur dazu, einen Zwischenbescheid oder Zusatzinformationen zu liefern?

Organisation und Automatisierung

Versuchen Sie, nebst Vorlagen mit Textbausteinen den E-Mailverkehr auch in anderen Bereichen zu automatisieren. Dazu gehört beispielsweise die automatische Zuweisung in Ordner, welche den Stand des Prozesses aufzeigen (Zusagen, Absagen, Zwischenbescheide, Anforderung weiterer Unterlagen und mehr), was das Bewerbermanagement generell erleichtert. Auch die Suchfunktionen sollten genutzt werden wie beispielsweise die Namenssuche, Bewerberdossier-Details oder Personenangaben, welche das Auffinden wesentlich erleichtern.

Prüfung eingehender E-Mail-Bewerbungen

Der Anteil papierbasierter Bewerbungsmappen nimmt im Bewerbungseingang stetig ab und liegt zur Zeit bei vielen Unternehmen unter 25 Prozent. Damit setzt sich der Trend weg von der papierbasierten Mappe hin zur elektronischen Bewerbung fort. Die Art und Weise und die Sorgfalt und Genauigkeit, wie sich Interessenten via E-Mail bewerben, sagen, wie in der traditionellen Briefform auch, gerade bei diesem Kommunikationsweg einiges über die Kandidaten aus. Beispiele der Punkte, die Sie prüfen und beurteilen können uns sollten:

- Wird die Netiquette beherrscht und z.B. kein "Hallo" verwendet?
- Haben die Anhänge korrekte und lesbare Formate?
- Sind die Anhänge vollständig und klar bezeichnet?
- Sind die Betreffzeilen klar und aussagekräftig?
- Ist die Sprache prägnant und aussagekräftig?
- Sind keine Rechtschreib- und Flüchtigkeitsfehler enthalten?
- Ist das E-Mail individuell abgefasst oder ein Massen-Mail?
- Werden im Mailbody korrekt lesbare Formate verwendet?
- Sind die Signaturen vollständig und informativ?
- Sind Bezüge, z.B. zum Bewerberdossier oder Telefonaten, klar?
- Verrät das Mail Erfahrung im Umgang mit elektronischen Medien?

Kommunikation im Bewerbungsmanagement

Die nachfolgenden Punkte und Hinweise sollen helfen, den hohen administrativen Aufwand für die Bewerberkommunikation und das – management effizienter und rationeller abwickeln und organisieren zu können.	prüfen	anwenden	ungeeignet
In Word fertig formulierte Vorlagen einsetzen			
Adresse nur einmal erfassen und mit Word verknüpfen			
Ablage nach Status, Eingang und Erledigung einrichten			
Textbausteine für häufige Formulierungen erstellen			
Ordner nach Zwischenbescheid, Absagen u.a. anlegen			
E-Mail-Programm mit Unterordnern bei In- u. Outbox			
Bei Schlussrunden-Kandidaten Aktennotizen ausdrucken			
Terminpläne einsetzen und Zeitbeanspruchung planen			
Für Dossiers ABC-Kategorien für Weiterverarbeitung			
Analysen, Dossiers, Mails mit Mäppchen pro Kandidat			
Einfache Datenbank einsetzen			
Bei MS Outlook Verknüpfung mit Word organisieren			
Kandidaten mit A-B-C klassifizieren und kennzeichnen			
Gesamten Auswahlprozess planen und organisieren			
Wer macht Telefonate, wer Mails, wer Briefe?			
Ordner auf Server, wo alle Beteiligten Zugriff haben			
Anweisungen und Regeln auf HR-Website festhalten			
Erstkontakte für Eignungsabklärung via Webformular			
Klare Hinweise in Stellenanzeige zur Kommunikation			
Personelle Zuständigkeiten mit Terminen klar regeln			

Grundlagen und Vorbereitung auf Interviews

Rechtliche Aspekte zum Bewerber-Interview

Insbesondere bei Vorstellungsgesprächen und Referenzauskünften müssen gesetzliche Aspekte und Bestimmungen des Datenschutzgesetzes berücksichtigt werden.

Inhalte von Referenzauskünften

Diese sollten nur Fragen resp. Antworten enthalten, welche für die betreffende Stelle oder Aufgabe relevant sind und beruflichen Charakter haben. Vor der Einholung von Referenzen muss der Bewerber informiert werden.

Zustimmung von Bewerbern

Das neue Datenschutzgesetz verlangt, dass Referenzen nur mit Einwilligung des Bewerbers eingeholt werden können. Wenn immer möglich, sollte also die Zustimmung des Bewerbers eingeholt werden. Eindeutig ist die Situation auf jeden Fall, wenn der *Bewerber in ungekündigtem Arbeitsverhältnis* arbeitet.

Zulässigkeit von Fragen bei Vorstellungsgesprächen

Grundsätzlich müssen Fragen einen Arbeitsplatz- und Stellenbezug haben. Fragen zur Ausbildung, zum beruflichen Weiterkommen und das zukünftige Arbeitsverhältnis sind solche Bereiche. Der Persönlichkeitsbereich darf nur Fragen enthalten, welche einen relevanten Bezug zur ausgeschriebenen Stelle haben.

Folgen von falschen Auskünften

Wird jemand aufgrund falscher und unwahrer Angaben eingestellt und verhindern diese Angaben und verschwiegenen Tatsachen die Erfüllung der Arbeitspflicht, so bestehen drei Möglichkeiten: die ordentliche Kündigung – im Extremfall die fristlose Entlassung – oder die Vertragsanfechtung wegen Grundlagenirrtums (Art. 24 Ziff. d. OR).

Beispiele unzulässiger Fragen

Religiöse Zugehörigkeit – das Freizeitverhalten – politische Gesinnung – zwischenmenschliche Beziehungen – Vorstrafen (wenn diese nicht in Zusammenhang mit der ausgeschriebenen Stelle stehen).

Es besteht eine beidseitige Informationspflicht

Es gibt eine Informationspflicht, die sowohl den Stellensuchenden wie auch den Stellenanbieter betrifft. Grundsätzlich muss der Bewerber/die Bewerberin alle zulässigen Fragen des Arbeitgebers wahrheitsgetreu und lückenlos beantworten, sofern diese in einem relevanten Zusammenhang mit Tätigkeit, Leistungserwartung und der ausgeschriebenen Stelle stehen.

Mitteilungspflicht des Bewerbers

Ausserdem sind Bewerber verpflichtet, im Vorstellungsgespräch auf Eigenschaften, Vorfälle oder Fakten hinzuweisen, die für den Arbeitgeber aus den Bewerbungsunterlagen nicht ersichtlich, aber für die Stelle, die Funktion oder die Aufgaben von besonderer Bedeutung sind. Dies können zum Beispiel noch registrierte Vorstrafen, besonders heikle Konkurrenzverbote, bevorstehende längere Auslandsaufenthalte oder sonstige Pläne besonderer zeitlicher Beanspruchungen oder Verpflichtungen sein.

Fragen rund um die Schwangerschaft

Seit Bestehen des Gleichstellungsgesetzes kann oder soll die Meinung vertreten werden, dass der Arbeitgeber Bewerberinnen nicht mehr nach einer Schwangerschaft fragen darf. Allerdings gibt es Fälle, bei denen die Schwangerschaftsfrage dennoch berechtigt ist. Kann eine schwangere Frau einen bestimmten Beruf nur eingeschränkt oder gar nicht ausüben und wesentlichen Leistungserwartungen und Verpflichtungen nicht nachkommen (z.B. schwere körperliche Arbeit, intensive Reisetätigkeit), muss eine schwangere Bewerberin von sich aus informieren. Dies jedoch nur dann, wenn die Schwangerschaft nicht in dem Stadium ist, dass sie ohnehin festgestellt werden kann.

Mitteilungspflicht bei Vorstrafen

Der Arbeitgeber darf den Bewerber/die Bewerberin nach Vorstrafen fragen, wenn diese in einem relevanten und offensichtlichen Zusammenhang mit der ausgeschriebenen Stelle und den damit verbundenen Aufgaben stehen. (Alkoholvergehen bei einem Lastwagenfahrer oder schwere finanzielle Probleme bei einer Stelle, bei der der Umgang mit Geld im Zentrum steht). Die Gerichtspraxis geht davon aus, dass in einer solchen Situation der Arbeitnehmer eine Mitteilungspflicht hat.

Fragen zum Gesundheitszustand

Fragen zum Gesundheitszustand sind dann berechtigt, wenn sie für das Arbeitsverhältnis, die auszuübenden Tätigkeiten und die Stelle als Ganzes von entsprechender und nachvollziehbarer Relevanz sind. Unzulässig sind demnach also beispielsweise Fragen nach nicht mehr bestehenden Krankheiten oder Operationen aus der Vergangenheit, die den Gesundheitszustand des Bewerbers nicht mehr negativ tangieren. Mitteilungspflichtig sind hingegen Gesundheitsprobleme mit Ansteckungsgefahr, mit der Ausübung des Berufes verbundene hohe gesundheitliche Risiken oder Einschränkungen, welche die Leistungserwartung erheblich beeinträchtigen. So entschied zum Beispiel das Arbeitsgericht, dass eine Bewerberin eine weit zurückliegende psychische Erkrankung nicht mitteilen musste, da der Arzt das Risiko eines Rückfalls als dermassen unwahrscheinlich einschätzte, dass eine Informationspflicht daher nicht mehr bestand.

Verstoss des Arbeitnehmers gegen die Informationspflicht

Kommt ein Arbeitnehmer der Informationspflicht auf fahrlässige und krasse Weise nicht nach, ist der Arbeitgeber berechtigt, den Arbeitsvertrag infolge Irrtums oder Täuschung anzufechten und unter bestimmten Umständen sogar eine fristlose Kündigung vorzunehmen. Zudem kann ein solchermassen täuschender Arbeitnehmer bei erheblichen Auswirkungen sogar schadenersatzpflichtig werden.

Grafologische Gutachten und psychologische Tests

Grafologische Gutachten und psychologische Tests oder andere Aktivitäten mit dem die Privatsphäre betreffenden Persönlichkeitsanalysen dürfen nur mit dem ausdrücklichen Einverständnis des betroffenen Bewerbers eingeholt und in Auftrag gegeben werden. Grafologische Gutachten erfordern zudem eine ausdrücklich einzuholende Bewilligung mit dem Verwendungszweck beim Bewerber. Ein handschriftlicher Begleitbrief oder eine sonstige Handschriftenprobe allein darf noch nicht als Zustimmung betrachtet werden.

Zielgerichtete Interviewvorbereitung

Bei der Suche nach einem idealen Mitarbeiter ist es das Ziel, im Vorstellungsgespräch umfangreiche Informationen über den Bewerber zu erhalten. Sie bilden die Basis, um eine möglichst gute Entscheidung treffen zu können und eine Fehlbesetzung zu verhindern.

Manchmal unterscheiden sich die Lebensläufe der Bewerber nur sehr gering: Volksschule, weiterführende Schule, Ausbildung, fünf Jahre Berufserfahrung - oder Matura und Studium. Es scheint dann auf den ersten Blick so, als ob Sie gleichwertige Kandidaten eingeladen hätten, doch spätestens im Vorstellungsgespräch wird deutlich, dass sowohl fachlich als auch auf der persönlichen Ebene zwischen den einzelnen Kandidaten grosse Unterschiede bestehen.

Beispiel 1:

So bearbeitete die eine kaufmännische Angestellte drei Jahre lang nur Zahlungsaufträge, während die andere in dieser Zeit Dokumente prüfte, dabei umfassendes Wissen mit Zahlungsaufträgen, Seefrachtpapieren, Dokumentarinkasso, und Versicherungen erwarb und zusätzlich noch im Umgang mit Konsulaten geschult war.

Beispiel 2:

Der eine Kandidat war aufgeschlossen, redegewandt und verstand es, Sachverhalte präzis und schnell zu schildern - der andere war zurückhaltend und voller Skepsis und benötigte für jede Antwort viel Bedenkzeit.

Solche Unterschiede in Verhaltensweisen und Persönlichkeitsmerkmalen festzustellen, ist eines der zentralen Anliegen des Vorstellungsgespräches. Es gilt herauszufinden, welche tatsächlichen Qualifikationen sich hinter den formalen Angaben verbergen und welche persönlichen Eigenschaften ein Bewerber für die ausgeschriebene Stelle mitbringt - geht es doch darum, Bewerber als neue Mitarbeiter kennen zu lernen und in mehrfacher Hinsicht auszuloten, ob beidseitig fachlich und menschlich eine Zusammenarbeit möglich ist und die Erwartungen beider Parteien übereinstimmen.

Treffend wurde in einem Fachmagazin vor einiger Zeit folgende wohl überspitzte, aber zutreffende Meinung vertreten: "Mitarbeiter werden wegen ihrer fachlichen Qualifikation eingestellt und wegen ihrer persönlichen Eigenschaften wieder entlassen."

Klarer und prägnanter kann man nicht beschreiben, welches Kriterium - die fachliche Qualifikation oder die persönliche Eignung - im Zweifelsfalle den Ausschlag bei der Wahl zwischen in etwa gleich qualifizierten Kandidaten geben sollte. Es ist oft so, dass mögliche Defizite in der fachlichen Qualifikation durch Weiterbildung ausgeglichen werden können, aber auf menschliche Defizite nur geringen Einfluss genommen werden kann. Wenn die persönlichen Eigenschaften oder was man heute als soziale oder emotionale Kompetenz bezeichnet, zu bedenken geben, sollte dies ein Warnsignal oder in extremen Fällen sogar ein Ablehnungsgrund sein.

Gerade darum werden in Vorstellungsgesprächen immer häufiger mehr Fragen zu den persönlichen Eigenschaften, Einstellungen und Verhaltensweisen gestellt als zu den fachlichen Qualifikationen. Dabei besteht andererseits die Gefahr, dass man sich zu sehr auf Gefühle und Sympathien verlässt und dadurch zwar einen freundlichen und angenehmen, aber möglicherweise ungeeigneten und unqualifizierten Mitarbeiter einstellt. Mit den vorliegenden Bewerbungsunterlagen, d.h. Bewerbungsbrief, Lebenslauf und Zeugnisse, haben Sie einen ersten Eindruck von Ihrem Bewerber gewonnen. Anhand der Lebensläufe kennen Sie die einzelnen Stationen und Aufgaben und wissen, ob der berufliche Lebensweg bisher geradlinig oder mehr wechselhaft war.

Im Vorstellungsgespräch hat man die Gelegenheit, Hintergründe und Motive für den gewählten Lebensweg zu klären, die fachliche Kompetenz zu überprüfen und die menschliche Eignung für Ihr Unternehmen mit dessen Kultur und Zielen und die entsprechende Stelle und ihre Herausforderungen herauszufinden. Im Bereich der persönlichen Eigenschaften, Einstellungen und Verhaltensweisen können Sie gezielt nachfragen. Dadurch lässt sich die Gefahr reduzieren, einen für den Betrieb ungeeigneten oder für die Aufgabe unqualifizierten Mitarbeiter einzustellen.

Für Ihre Vorbereitung stehen die Bewerberdossiers und die eigenen Unterlagen - Stellenbeschreibung, Anforderungsprofil usw. - zur Verfügung. Sie können sich damit zielgerichtet auf Ihren Gesprächspartner einstellen, wichtige Fragen vorbereiten und sich dabei an die folgenden möglichen Gesprächsrichtlinien halten:

- Was weiss ich bereits über den Gesprächspartner?
- Welche Fragen ergeben sich aus den Bewerbungsunterlagen?
- Was will ich über die fachliche Qualifikation/Kompetenz wissen?
- Welche Persönlichkeitsmerkmale sind für Position ein "Muss"?
- Wie eruiere ich diese und stelle ich sie fest?
- Welche Kandidatenfragen sind zu erwarten?

Fragen aus den Bewerbungsunterlagen

Abgesehen von den allgemeinen Fragen zu Ausbildung, Qualifikation und Erfahrung haben Sie sich möglicherweise während der Durchsicht der Bewerbungsunterlagen gefragt: "Wie ist das zu verstehen?" – "Was hat das zu bedeuten?" – "Welchen Stellenwert hat diese Aussage?" -oder "Wie ist dieser Sachverhalt in Bezug auf die zu besetzende Stelle zu gewichten?".

Das könnte bei der Erwähnung aussergewöhnlicher Ausbildungen oder besonders interessanter Tätigkeiten vorgekommen sein, bei nicht abgeschlossener Ausbildung oder abgebrochenem Studium, bei Auslandsaufenthalten, bei einer schnellen und steilen Karriere oder bei auffällig häufigem Wechsel von Arbeitgebern. Es werden Ihnen Punkte auffallen, die Sie besonders skeptisch oder neugierig machen. Das könnten z.b. aussergewöhnliche Ausbildungen sein oder nicht der Ausbildung entsprechende berufliche Tätigkeiten, die der Bewerber schon ausgeübt hat. Weitere Beispiele sind u.a. eine oder zahlreiche nicht abgeschlossene Ausbildungen, eine schnelle und steile Karriere, häufiges Wechseln und nur kurze Einsätze in Unternehmen, unterschiedliche Berufsausbildungen oder der Ausbildung nicht entsprechende Berufswechsel. Es liegt nahe, dass Sie bei solchen Punkten Überlegungen über die Ursachen und Motive dieser Ereignisse anstellen. Grundsätzlich ist alles, was eher ungewöhnlich oder unüblich ist, von besonderem Interesse, denn gerade diese Punkte bilden das Profil und den Charakter eines Bewerbers. Diese Punkte im Vorstellungsgespräch anzusprechen und zu hinterfragen bietet Ihnen die Möglichkeit, Zusammenhänge und Erklärungen zu finden, und Sie lernen dabei den Bewerber in seiner gesamten Persönlichkeit genauer kennen.

Die Bedeutung des persönlichen Hintergrundes

Neben den fachlichen und persönlichen Eigenschaften, die sich unmittelbar auf die zu besetzende Position beziehen, haben noch andere Faktoren Einfluss auf die zukünftige Zusammenarbeit, wie Familie, gesellschaftlicher Umgang, persönliche Ziele, Teamkompatibilität etc. Schwerwiegende familiäre Konflikte, wie z.B. eine bevorstehende Scheidung, können erheblich Einfluss auf Engagement und Leistungsbereitschaft eines Mitarbeiters haben. Ein gegen den Bewerber laufendes Ermittlungsverfahren kann durch einen unverschuldeten Verkehrsunfall oder durch eine Straftat wegen schwerer Körperverletzung erfolgt sein. Hier ist der Unterschied ausschlaggebend. Wie wird sich die Leistungsbereitschaft und Arbeitsqualität entwickeln, wenn die Familie zu Hause darunter leidet, dass die tägliche Fahrzeit zum Arbeitsort und zurück mehr als drei Stunden in Anspruch nimmt? Besitzt der Bewerber eine gültige Aufenthalts- und Arbeitserlaubnis, wenn er einer anderen Nationalität angehört?

Wissenswertes zu Qualifikation und Kompetenz

Aus Ihrem Anforderungsprofil geht hervor, welche Qualifikationen, Erfahrungen und Kompetenzen für die von Ihnen ausgeschriebene Stelle notwendig sind. Sie selbst kennen das Umfeld und die Anforderungen der Stelle und wissen, welche Aufgaben zu erledigen sind. Zur Vorbereitung auf Ihr Vorstellungsgespräch können Sie sich ein oder zwei typische Aufgabenstellungen überlegen, die erfolgsentscheidende Qualifikationen und Kompetenzen voraussetzen, die Sie vom Stelleninhaber erwarten.

Wenn Sie z.B. eine erfahrene Kundendienst-Mitarbeiterin suchen, könnten Sie sich im Vorstellungsgespräch vor allem auf die Kommunikationsfähigkeit, die Kritikbereitschaft und die Grundhaltung konzentrieren. Bei der Einstellung eines IT-Experten könnte eine Aufgabenstellung darin bestehen, Ideen zur Kostensenkung bei der Software-Evaluation vorzulegen. Das Bearbeiten von Aufgaben in einem Vorstellungsgespräch kann erste Hinweise geben, ob der Bewerber die gewünschten Qualifikationen, Erfahrungen und Kompetenzen aufweist und sich in das kommende Aufgabengebiet einfühlen kann.

Wichtige Persönlichkeitsmerkmale in Erfahrung bringen

Welche Persönlichkeitsmerkmale ein "Muss" und welche nur wünschenswert sind, hängt von der ausgeschriebenen Position, vom zukünftigen Umfeld und natürlich von Ihren eigenen Vorstellungen ab. So ist Ehrlichkeit natürlich ein generell erwünschtes Merkmal, bei Arbeiten mit Geld und Kundendaten aber eine grundlegende Voraussetzung. Ausgeprägte Kommunikationsfähigkeit ist für Führungskräfte und Kundendienstleiter ein "Muss", hingegen für einen Speditionsmitarbeiter oder Buchhalter nur wünschenswert. Persönlichkeitsmerkmale, über die Ihr neuer Mitarbeiter unbedingt verfügen sollte, sind in erster Linie solche, die zur optimalen Erfüllung der gestellten Aufgaben benötigt werden.

Wenn Sie noch keine Zusammenstellung der notwendigen Merkmale besitzen, dann sollten Sie eine solche Auflistung erstellen oder ein einfaches Anforderungsprofil entwerfen, welches die Aufgaben, Tätigkeiten und erforderlichen Eigenschaften und Merkmale enthält. Damit besitzen Sie eine Zusammenfassung der erforderlichen Persönlichkeitsmerkmale, die für die Position/Aufgabenstellung wichtig sind. Es stellt sich dann anschliessend die Frage, wie diese Eigenschaften festgestellt werden können. Der schlechteste Ansatz ist, direkt nach diesen Eigenschaften zu fragen. Wann immer Sie direkt fragen, wie z.B. "Sind Sie verantwortungsbewusst?" - werden Sie natürlich ein "Ja" als Antwort erhalten.

Damit ist aber für Sie nicht geklärt, in welcher Ausprägung diese Eigenschaft vorhanden ist. Besser ist es, wenn Sie Ihren Gesprächspartner beschreiben lassen, wie er/sie bestimmte Aufgabenstellungen oder Problemsituationen bisher gelöst hat oder wie er/sie dies angehen würde.

Durch die Beantwortung der Frage "Was ist Ihnen bei einer Konkurrenzanalyse wichtig?" erfahren Sie, welche Erfahrung der Bewerber hat und wie er bei einer konkreten Aufgabenstellung konzeptionell vorgeht. Erfahrungsgemäss sollten Sie sich einige Fragen vorbereiten, mit denen Sie indirekt die Fähigkeiten oder Erfahrungen des Bewerbers feststellen können. Es sind Kontrollfragen, die Sie allerdings nur dann nutzen sollten, wenn Sie die Vermutung haben, dass ein Bewerber vorgibt, besser zu sein, als er ist.

Falls Sie für Ihr Gespräch ähnliche Fragen vorbereitet haben, benutzen Sie diese der Situation, den Anforderungen und dem Bewerber angepasst. Eine Vielzahl von Fragebeispielen mit Erläuterungen, anhand derer Sie gezielt die Persönlichkeitsmerkmale Ihrer Bewerber feststellen können, finden Sie im Kapitel 8. "Kommentierter InterviewfragenKatalog".

Mögliche Bewerberfragen und -themen auf einen Blick

Jemand, der sich um eine neue Stelle oder Position bewirbt, hat auch bestimmte Erwartungen und Vorstellungen. Für diese Bewerber ist das Vorstellungsgespräch kein einseitiges Interview, sondern ein Dialog, bei dem sich beide Seiten gegenseitig informieren. Schliesslich muss auch der Bewerber für sich entscheiden, ob das Unternehmen, die angebotene Stelle und die Unternehmenskultur seinen Vorstellungen entsprechen. Deshalb bereiten sich in zunehmendem Masse auch Bewerber intensiv und detailliert auf Vorstellungsgespräche vor, um wichtige Aspekte der neuen Stelle im Gespräch in Erfahrung zu bringen.

Die Fragen eines Bewerbers beziehen sich primär auf die Stelle, Aufgaben und Anforderungen. Es gibt aber Fragen und Themenbereiche, auf die ein Bewerber meistens nähere Informationen wünscht. Auch wenn sich Fragen von Bewerberseite im Gespräch voneinander unterscheiden, so lassen sie sich dennoch in typische Themenbereiche ordnen. Es ist daher vorteilhaft, auf diese Themenbereiche und Fragestellungen vorbereitet zu sein. Die folgende Übersicht zeigt Themenbereiche von möglichen Bewerberfragen.

Vorbereitung auf Bewerberfragen zum Unternehmen

Es empfiehlt sich, sich auf die häufigsten Fragen von Bewerbern zum Unternehmen vorzubereiten und dazu ein Merkblatt zu erstellen.

- Führungsverhalten und Führungsstil in Ihrem Unternehmen
- Einordnung im Unternehmen, hierarchische Organisation
- Marktstellung des Unternehmens, Konkurrenten, Strategie
- Grösse des Unternehmens in Umsatz, Entwicklung der Branche
- Stellung des Unternehmens im Markt
- Bedeutung der Position aus Sicht des Unternehmens
- Frage nach Mitarbeiterzeitung oder Firmenbroschüre
- Frage nach Stellenbeschreibung oder Presseberichten
- Gründe für die Neubesetzung der Position/Stelle
- Wie lange hatte der Vorgänger die zu besetzende Stelle inne
- Weshalb verliess er das Unternehmen und wer kündigte
- Aufgaben, Kompetenzen und Verantwortungen der Stelle
- Regelung von Ferien, Arbeitszeiten, 13. Monatslohn
- Sondervergütungen, Lohnpolitik, Kriterien zur Lohnfestlegung
- Einarbeitungsplan, Einarbeitungszeit und Einarbeitungsziele
- Vorhandensein von Arbeitsbeschreibung und Stellenbeschreibung
- Kennenlernen des Arbeitsplatzes, Führung durch das Unternehmen
- Ausstattung und Infrastruktur des Arbeitsplatzes
- Anzahl der Mitarbeiter im neuen Aufgabenbereich/Abteilung
- Notwendige Fähigkeiten (Details des benötigten Fachwissens)
- Formen der Leistungsbeurteilung und Zielmessung
- Entwicklungsmöglichkeiten und Zukunftsaussichten
- Laufbahn- und Karriereunterstützung und –angebote vorhanden
- Weiterbildungsmöglichkeiten - auch auf eigene Initiative
- Finanzielle Perspektiven mittel- und langfristig
- Zusätzliche Leistungen (Firmenwagen, Mehrurlaub, Zuschüsse)
- Dauer und Regelungen während der Probezeit
- Gehalt in bzw. nach Probezeit, Möglichkeit eines Anfangslohnes
- Vorschlagswesen, Prämien für Verbesserungen, Erfolgsbeteiligung
- Frühester/spätester Eintrittstermin
- Persönliche Erwartungen und Anforderungen
- Gründe für die Neubesetzung der Position/Stelle

Ziele eines Vorstellungsgespräches

Aus der Sicht des Unternehmens kann man den Zweck eines Vorstellungsgespräches in drei Ziele unterteilen:

- *Den Bewerber sehen und hören.* Um sich einen persönlichen Eindruck über die äussere Erscheinung zu machen, sein Auftreten, Bewegung, Haltung, Sprache und Manieren. Man sollte ein Bild des Bewerbers erhalten, das soweit wie möglich der Wirklichkeit entspricht. Dabei sollte man die schriftlichen und mündlichen Aussagen des Bewerbers vergleichen und Diskrepanzen oder Abweichungen nach dem Gespräch analysieren.

- *Eindruck von wichtigen Persönlichkeitsmerkmalen gewinnen.* Welches sind seine Grundeinstellungen, Überzeugungen und Ansichten? Wie ist seine Aufstiegs- und Leistungsmotivation, ist er geistig lebendig und kreativ? Verfügt er über die benötigte Sozialkompetenz?

- *Die Ermittlung von fehlenden Angaben.* Wie etwa zur Einsatzfähigkeit/Leistungsbereitschaft und den Erwartungen und Zielvorstellungen des Bewerbers.

Die Selbstwahrnehmung des Bewerbers

Festzustellen ist, wie ein Kandidat über sich selbst denkt, d.h. sein Selbstverständnis, worunter seine Interessen, Ambitionen, Motivationen, persönlichen Wertvorstellungen und Einstellungen, Vorlieben und Abneigungen zu verstehen sind.

Das Vorstellungsgespräch sollte im Interesse der Systematik und Lückenlosigkeit einem strukturierten Interview entsprechen. Der Interviewer sollte sich auf die zu stellenden Fragen gut vorbereiten: Grundlage sind dabei die Bewerbungsunterlagen, bei denen der Lebenslauf erfahrungsgemäss im Zentrum des Interesses steht. Empfehlenswert ist auch eine Vorbereitung mit Hilfe eines Fragenkatalogs, der in diesem Leitfaden vorgestellt und auf individuelle Situationen ausgerichtet werden kann. Aus der beigefügten Fragensammlung kann der Interviewer ihm wichtig erscheinende Fragen entnehmen.

Bewerbungsmotive und Grundhaltung

Natürlich ist die fachliche Qualifikation ein wesentlicher Aspekt für eine Einstellung. Doch ebenso wichtig ist die Motivation eines Bewerbers. Ein Mitarbeiter, der hoch qualifiziert ist, sich jedoch aufgrund mangelnder Motivation wenig engagiert und seine Fähigkeiten nicht ausschöpft, nützt Ihnen wenig. In der Unternehmenspraxis werden Mitarbeiter letztlich oft nach Zeugnissen, Diplomen und der aus der direkten Begegnung aus dem Interview entstandenen Sympathie und bedeutsamen Erfolgsausweisen eingestellt. Doch die Motivation und Leistungsfähigkeit kommen dabei meistens zu kurz und werden viel zu wenig gründlich prioritär angegangen. Es gibt von dieser Seite aus betrachtet vor allem zwei Mitarbeitertypen: Jene, die einen Arbeitsplatz suchen und andere, die eine Aufgabe haben wollen. Jene Mitarbeiter, die den Arbeitsplatz, d.h. damit primär auch oft lediglich Lohn und Sicherheit suchen, haben ihr Ziel erreicht, wenn sie diesen Arbeitsplatz bekommen haben. Jene Kandidaten hingegen, die eine Aufgabe suchen, haben mit der Anstellung ihr Ziel konkretisiert und für sie beginnt eine Aktivität, mit der sie ihre Talente, ihren Ehrgeiz, ihre Leistungsfähigkeit und ihre Schaffenskraft unter Beweis stellen wollen – also Herausforderungen erwarten.

Das heisst, es ist eine grundlegende Frage der Einstellung, der Motivation und Arbeitsmoral, wie leistungsfähig ein Mitarbeiter letztlich ist. Jedermann kann seine Einstellung in jeder beliebigen Situation selbst wählen und als Recruiter hat man auf die Einstellung eines Mitarbeiters keinen direkten und unmittelbaren Einfluss. Wenn man keinen Einfluss darauf haben kann, dann ist die logische Konsequenz die, dass man sich für Mitarbeiter entscheidet, die bereits nachgewiesen haben und im Interview glaubwürdig zeigen, dass sie die gewünschte Einstellung haben, die für das Erbringen von Spitzenleistungen wichtig ist. Hinzu kommt die Bedeutung einer positiven und konstruktiven Grundhaltung.

Nehmen Sie sich deshalb genügend Zeit, die Bewerbungsmotive Ihrer Kandidaten zu hinterfragen und im Gespräch zu klären. Vergewissern Sie sich auch, dass die Vorstellungen der Bewerber über den neuen Aufgabenbereich mit Ihren Vorstellungen weitgehend übereinstimmen. Menschen bewerben sich aus den verschiedensten Gründen um einen Arbeitsplatz. Der eine bewirbt sich, weil er nach seiner Ausbildung das Gelernte praktisch nutzen möchte, ein anderer, weil das Klima oder die Beziehung zum Vorgesetzten im alten Unternehmen schlecht war. Andere wiederum suchen die Chance, sich finanziell zu verbessern oder eine Gelegenheit, eine anspruchsvollere Aufgabe zu übernehmen. Einige mögen nur vage Erwartungen haben, und manche wollen wirklich genau die Stelle in Ihrem Unternehmen, die Sie gerade anbieten.

Der Umgang mit schwierigen Kandidaten

Die Eindrücke, die aufgrund aller Äusserungen im Gespräch mit dem Bewerber und aufgrund der Gesprächsatmosphäre als Ganzes gesammelt werden, erlauben eine Beurteilung des Bewerbers nach wesentlichen Persönlichkeitsmerkmalen und den Erwartungen gemäss Anforderungsprofil. Es gibt Interviews, bei denen die "Chemie" vom ersten Lächeln und Händedruck an stimmt – und solche, bei denen jede Kompatibilität fehlt. Ist man sich aber bewusst, mit welchen eher problematischen Personen man es möglicherweise zu tun hat, kann man sich mindestens darauf einstellen. Dabei sollen folgende Situations- und Personenbeschreibungen behilflich sein.

Wenn die Chemie nicht stimmt...

Es kann vielerlei Gründe geben, warum in einem Vorstellungsgespräch keine gemeinsame Wellenlänge zustande kommt. Andererseits erlebt jeder Interviewer aber auch Gespräche, die aufgrund bestimmter Verhaltensweisen der Bewerber einfach nur noch als enervierend bezeichnet werden können. In solchen Situationen dennoch objektiv und fair zu bleiben, zeichnet den professionellen Interviewer aus.

Wenn eine Rolle gespielt wird...

Eine Kategorie der anstrengenden Bewerber sind zum Beispiel Damen, die an die Beschützerinstinkte ihres Gegenübers appellieren. Diese naive, weltfremde "Vorteilsstrategie" kann sehr irritierend wirken und wird meistens als unzulässige Manipulation gewertet. Ob es sich dabei um ein längst verinnerlichtes Verhalten handelt, erfährt man am besten durch einige gezielte ironische Bemerkungen. Werden Rollen völlig überzeichnet und extrem gespielt, sollte man das Gespräch höflich, aber bestimmt beenden.

Wenn jedes Wort entlockt werden muss...

Bei Bewerbern, die nach einer Frage, die sie eigentlich zum Reden animieren soll, einsilbig antworten oder leise Geräusche äussern, wirken Gesprächstechniken selten. Entweder man lässt bewusst längere Pausen zu, um diese Einseitigkeit des Gesprächs deutlich werden zu lassen, oder man beendet das Gespräch.

Passivität - Desinteresse oder Hemmungen

Solche passiven Bewerber sind nicht interessiert, mehr zu erfahren. Sie zu aktiverem Interesse zu ermuntern, ist meist vergebliche Zeitverschwendung. Das Gespräch sollte kurz gehalten werden, dann auf die ausgehändigte Visitenkarte verweisen und anbieten, dass der

Kandidat jederzeit mit konkreten Fragen anrufen könne. Meldet sich ein Kandidat auch dann nicht, kann davon ausgegangen werden, dass das festgestellte Desinteresse nicht Grund für persönliche Hemmungen war, sondern eine grundlegende Haltung.

Egozentrische Selbstdarstellungen

Bewerber, die bei jeder sich bietenden Gelegenheit die eigenen Vorzüge unreflektiert positiv herausheben und nichts unversucht lassen, sich als den perfekten Kandidaten darzustellen, auf den Ihr Unternehmen und die Welt gewartet haben, verspielen viele Sympathien und lassen an deren Charakter zweifeln. Selten wird hier auf gestellte Fragen genau geantwortet und solche Bewerber sind oft auch nur in beschränktem Umfang fähig, aufmerksam zuzuhören. In Extremfällen kann hier ein Interview durchaus vorzeitig abgebrochen werden.

Wenn endlos Fragen gestellt werden...

Gut vorbereitete Bewerber, die mit klugen und gezielten Fragen mehr wissen wollen, beweisen damit Interesse an der Stelle. Doch es gibt auch Kandidaten, die endlos Fragen, sei es aus einem Misstrauen heraus oder um als besonders wissenshungrig punkten zu können. Hier kann man vorerst sanft mit dem Zeitplan darauf hinweisen und bei Nichtbeachtung deutlicher werden, dass dies Fülle von Fragen den Rahmen des Interviews sprengen.

Misstrauen und Negativismus

Kandidaten, die überall Fallen vermuten und allem und jedem misstrauen und alles bezweifeln, verfügen oft über eine negative Grundhaltung, die sich in Leistung und Arbeit niederschlägt und einen Teamgeist und das Vorgesetztenverhältnis schwer belasten können. Ohne ein Minimum an Vertrauen und gegenseitigen Respekt sind solche Vorstellungsgespräche zum Scheitern verurteilt. Solche Kandidaten sind abzulehnen mit der für sie allenfalls hilfreichen Begründung, was dafür der Grund ist.

Fehlende Authentizität und Glaubwürdigkeit

Dies ist ein sehr wichtiger Aspekt. Bewerber, die gekünstelt wirken, gestanzte Formulierungen verwenden, Management-Lehrbücher nachplappern und austauschbare Allgemeinplätze von sich geben zeigen nicht nur mangelndes ernsthaftes Interesse an der Stelle sondern verfügen oft auch über wenig Substanz, Intelligenz und soziale Kompetenzen. Warnsignale sind auch, wenn ein Kandidat mit einer Unternehmenskultur, einem Team, einem Führungsstil oder zu einem Vorgesetzten offensichtlich nicht kompatibel ist.

Die häufigsten Fehlerquellen im Interview

In der Person des Interviewers ist oft die Quelle lückenhaft geführter Gespräche oder fehlerhafter Einschätzungen. Dies hat einige Gründe, die meisten von ihnen entstehen durch Verzerrungen oder verfälschte Wahrnehmungen.

Vorurteile führen zu Fehleinschätzungen

Aufgrund der Bewerbungsunterlagen, des ersten persönlichen Eindrucks und damit verbundener Vorurteile wird gleich von Anfang an ein Urteil gebildet und nicht mehr geändert. Ähnlich wirken Sympathie und Antipathie sowie die Überstrahlung (Halo-Effekt) nach Kategorisierung des Bewerbers (z.B. wird zu modische und zu legere Kleidung aus persönlicher Einstufung einer sich sehr bewusst konservativ kleidenden Person heraus als negativ betrachtet). Es werden dann ungeprüft weitere Merkmale zugeschrieben, und während des Interviews wird bewusst oder unbewusst nach bestätigenden Informationen gesucht; widersprüchliche Informationen werden ignoriert.

Die Gefahr des Idealbewerbers

Interviewer haben häufig ein "Idealbild" vom geeigneten und nach ihrer Meinung richtigen Bewerber; es wird aus der eigenen Anschauung und dem subjektiven Menschenbild heraus geschaffen. Im extremsten Fall erfüllen Bewerber dann nur noch die völlig subjektiven Anforderungen dieses Interviewers; es sind jene Anforderungen, die dieser – im positiven Falle – ebenfalls im eigenen Lebenslauf erfüllen konnte und – im negativen Falle – jene, denen er nicht genügte, die der Bewerber aber vorweisen kann. Gerade wenn Anforderungen nur lückenhaft oder unklar definiert sind, wird der Interviewer umso stärker und beeinflussender auf sein Bild zurückgreifen.

Sicherstellung der Beurteilung der Fachkompetenz

Der Interviewer kennt die Anforderungen einer Position nur unzureichend; Stellenbeschreibungen und Anforderungsprofile existieren in vielen Unternehmen nicht. Dies ist gerade bei sich permanent ändernden Stellenprofilen und Anforderungen – zum Beispiel bei technischen Aufgaben – eine zusätzliche Gefahr, mit mangelnder Kompetenz für Sachfragen zu falschen Urteilen zu gelangen.

Gegenseitige unbewusste Beeinflussung

Bewerberverhalten ist immer auch ein Reflex auf das Interviewerverhalten; Interviewer reagieren auf Bewerber. Damit sind verbale und nonverbale Signale gemeint. Stirnrunzeln oder zustimmendes Kopfnicken nimmt ein genau beobachtender oder sensibler Bewerber sofort wahr und reagiert darauf. Signalisierte Geringschätzung wie ein ironisches Lächeln und Aufmerksamkeit mit hochgeschlagenen Augenbrauen ermutigen.

Die perfekte Rolle spielen: Eindruck schaffen um jeden Preis

Jeder Bewerber will den Eindruck, den der Interviewer von seiner Person bekommen soll, beeinflussen und kontrollieren. Er legt alles daran, einen positiven und nachhaltigen Eindruck zu erzeugen. Wegen der überaus hohen Bedeutung der Einstellungsentscheidung für ihn legt er taktierendes Verhalten an den Tag, streicht Stärken übermässig heraus, verdeckt Schwächen, antwortet stets nur im Interesse des Unternehmens oder gibt bewusst falsche Antworten. Man versucht genau dem Bild oder der Erwartungshaltung des Interviewers oder der Firma zu entsprechen, in der der Interviewer einen sehen möchte.

Kapazitäten einplanen: Wenn es an Konzentration mangelt

Interviewer müssen eine Vielzahl von Aktivitäten parallel oder direkt nacheinander ausführen: zuhören, notieren, Aufmerksamkeit signalisieren, Bewerber beobachten, den Interviewkatalog einhalten, auf die Zeiteinhaltung achten, geistiges Vorformulieren eigener Fragen vornehmen, fachliche und persönliche Aspekte berücksichtigen und einiges mehr. Dies überfordert die Aufnahmekapazitäten eines Interviewers in vielen Fällen. Konzentrationsmangel, Übergewichtung subjektiver Details sind die Folge, um den Druck der Informationsaufnahme und –verarbeitung reduzieren zu können. Er wird Informationen nur selektiv oder verzerrt wahrnehmen.

So konnte gezeigt werden, dass viele im Interview genannten wichtigen Informationen keine Auswirkungen mehr auf die Gesamtbeurteilung hatten. Die Entscheidung findet dann nur noch auf der Basis einiger weniger, unwesentlicher oder gar fehlender Informationen statt.

Unter Zeitdruck und Interviewstress leidet die Qualität

Wenn der Druck zur schnellen Neubesetzung einer vakanten Stelle gross ist (etwa um eine reibungslose Produktion zu sichern oder Kundenbeschwerden zu vermeiden), dann akzeptieren speziell ungeübte Interviewer auch weniger geeignete Bewerber. Sie senken dann ihr Anspruchsniveau, stellen weniger kritische oder schwere Fragen und geben vermehrt Hilfestellung. Vor allem auch zu viele oder zu lange Interviews unter Zeitdruck erzeugen dann einen Dauerstress, der zu ungenauen Wahrnehmungen und Einschätzungen führt.

Vorsicht: Das vorherige Interview beeinflusst das zweite

Bewerber werden zu gut (oder zu schlecht) beurteilt, je nachdem, ob vorher ein schlechter (oder ein guter) Bewerber interviewt wurde. Beim Interviewer hat sich die Bewertungsskala dann verschoben. Ob jemand für eine Stelle akzeptiert wird, kann im Einzelfall mehr von den Qualifikationen des vorhergehenden Bewerbers als von den eigenen Qualifikationen abhängen.

Der Blickwinkel wird verfälscht: Negatives wird übergewichtet

Negative oder zu Zweifeln Anlass gebende Informationen über den Bewerber - besonders wenn sie im ersten oder zweiten Gesprächsdrittel auftauchen - haben bei der Gesamtbeurteilung höheres Gewicht als positive Informationen. Bereits wenige negative Informationen können einen positiven Eindruck zunichtemachen oder zumindest unverhältnismässig verfälschen.

Verhalten und Persönlichkeitsebene dominieren zu stark

In zahlreichen Experimenten konnte nachgewiesen werden, dass nonverbale Informationen wie Mimik, Gestik, Körperhaltung, und Sprechweise oft einen grossen Einfluss haben und stärker wirken als verbale Informationen. Der häufige Blickkontakt und das freundliche Zulächeln des Bewerbers führten z.B. zu einer günstigeren Beurteilung seiner Zuverlässigkeit, Teamfähigkeit und seines Verantwortungsbewusstseins. Auch das äussere Erscheinungsbild eines Bewerbers kann die Einschätzung seiner erwarteten Leistung oder Persönlichkeit positiv beeinflussen und negative Aspekte zu stark reduzieren. Es spielt dann der Sympathieeffekt so stark, dass objektive Wahrnehmungsfaktoren in den Hintergrund treten oder überhaupt nicht mehr erkannt werden.

Interessante Persönlichkeitsfaktoren

Im folgenden Schema sind diejenigen Persönlichkeitszüge ausgewählt, die sich beim erwachsenen Menschen nur geringfügig, wenn überhaupt nur sehr langfristig oder nur durch einschneidende oder besondere Lebensumstände verändern. Diese Liste eignet sich auch gut zur Verwendung während oder nach einem Interview, um einen ganzheitlichen Eindruck von der Persönlichkeit des Bewerbers zu erhalten.

Beurteilungsformular zu Persönlichkeitsfaktoren

Sie finden hier links die positiven und rechts die negativen Werte in einer Skala von 3 in starker und 1 in jeweils schwacher Ausprägung

sachbezogen	3 2 1 0 1 2 3	vage
kommunikativ	3 2 1 0 1 2 3	introvertiert
psychisch stabil	3 2 1 0 1 2 3	leicht zu verunsichern
anpassungsbereit	3 2 1 0 1 2 3	eigenwillig
lebhaft	3 2 1 0 1 2 3	ruhig
gewissenhaft	3 2 1 0 1 2 3	sorglos
draufgängerisch	3 2 1 0 1 2 3	schüchtern
feinfühlig	3 2 1 0 1 2 3	unsensibel
naiv	3 2 1 0 1 2 3	kritisch
realistisch	3 2 1 0 1 2 3	träumerisch
diplomatisch	3 2 1 0 1 2 3	direkt
mit sich zufrieden	3 2 1 0 1 2 3	an sich zweifelnd
eigenständig	3 2 1 0 1 2 3	anlehnungsbedürftig
diszipliniert	3 2 1 0 1 2 3	unbeherrscht
ausgeglichen	3 2 1 0 1 2 3	instabil
angespannt	3 2 1 0 1 2 3	gelassen
experimentierfreudig	3 2 1 0 1 2 3	an Bewährtem orientiert
geübt im Nachdenken	3 2 1 0 1 2 3	ungeübt im Nachdenken
unbeschwert, souverän	3 2 1 0 1 2 3	ängstlich-besorgt
fantasievoll	3 2 1 0 1 2 3	fantasielos
selbstbehauptend	3 2 1 0 1 2 3	zur Unterordnung bereit
nachsichtig	3 2 1 0 1 2 3	kritisch
gerne unabhängig	3 2 1 0 1 2 3	gerne mit anderen
natürlich	3 2 1 0 1 2 3	affektiert
selbstsicher	3 2 1 0 1 2 3	scheu
psychisch widerstandsfähig	3 2 1 0 1 2 3	psychisch wenig belastbar
entdeckungsfreudig	3 2 1 0 1 2 3	an Bewährtem festhaltend
glaubwürdig und ehrlich	3 2 1 0 1 2 3	aufgesetzt, gekünstelt

Beurteilung von Persönlichkeitsmerkmalen

Zur präzisen und ganzheitlichen Beurteilung eines Kandidaten sind zahlreiche Persönlichkeitsmerkmale sehr hilfreich, hängen aber in deren Gewichtung und Bedeutung von den Aufgaben und der Position ab. Die nachfolgende Checkliste soll Ihnen helfen, nach einem Interview die am meisten überzeugenden 4-6 Eigenschaften anzukreuzen.

☐ Analytisches Denkvermögen	☐ Kostenbewusstsein
☐ Selbstsicherheit	☐ Kreativität
☐ Auffassungsgabe	☐ Leistungsbereitschaft
☐ Aufgeschlossenheit	☐ Leistungsfähigkeit
☐ Auftreten	☐ Leistungswille
☐ Ausdauer	☐ Lernbereitschaft
☐ Begeisterungsfähigkeit	☐ Mobilität
☐ Belastbarkeit	☐ Motivationsfähigkeit
☐ Delegationsvermögen	☐ Organisationsgeschick
☐ Durchsetzungsvermögen	☐ Ordnungssinn
☐ Einfühlungsvermögen	☐ Risikobereitschaft
☐ Entscheidungsfähigkeit	☐ Selbständigkeit
☐ Entschlussbereitschaft	☐ Selbstdisziplin
☐ Erscheinungsbild	☐ Sozialkompetenz
☐ Flexibilität	☐ Teamfähigkeit
☐ Führungseigenschaften	☐ Toleranzvermögen
☐ Ganzheitliches Denkvermögen	☐ Überzeugungskraft
☐ Initiative	☐ Urteilsvermögen
☐ Innovationsakzeptanz	☐ Verantwortungsbewusstsein
☐ Kommunikationsfähigkeit	☐ Verhandlungsgeschick
☐ Konfliktfähigkeit	☐ Vorbildwirkung
☐ Kompromissbereitschaft	☐ Zielorientierung
☐ Kontaktfähigkeit	☐ Zuhören, aktives
☐ Konzentrationsfähigkeit	☐ Langfristhorizont

Die Vorselektion beim Bewerbungseingang

Ein wichtiger Faktor der Vorselektion von eingehenden Bewerbungen besteht in der effizienten und systematischen Sichtung und Verarbeitung der Daten. Dies ist vor allem beispielsweise mit einer detaillierten Bewertungsmatrix möglich: Dabei werden alle eingehenden Unterlagen nach vorher festgelegten Kriterien ausgewertet wodurch sichergestellt wird, dass die Auswertung auf der Grundlage von wirklich tätigkeitsrelevanten Kriterien erfolgt und alle Bewerber anhand derselben Massstäbe beurteilt werden.

Solche Kriterien sind sinnvollerweise die drei bis fünf wichtigsten Kern- und Muss-Anforderungen aus dem Anforderungsprofil. Ziel ist es, unter Betrachtung der fachlichen Kompetenzen die Spreu vom Weizen zu trennen und sich auf aussichtsreiche und qualifizierte Kandidaten zu konzentrieren. Dabei können die Bewerber beispielsweise in A-, B- und C-Kandidatengruppen eingeteilt werden:

• Bewerber, die persönlich und fachlich nicht überzeugen
• Bewerber, die viele der Anforderungen erfüllen
• Bewerber, die nahe ans Idealprofil kommen

Bewerber, die nicht in Frage kommen

Hier empfiehlt es sich, das Gespräch kurz, die Fragen eher knapp und allgemein zu halten und im Interesse der Offenheit den Bewerber am Schluss des Interviews darauf hinzuweisen, dass noch so und so viele Kandidaten im Rennen seien. Die Frage nach dem Interesse an der Stelle kann allenfalls sogar auch vom Kandidaten aus so ausfallen, dass bei übereinstimmendem Desinteresse schon nach dem Gespräch ein Entscheid gefällt wird.

Bewerber, die viele der Anforderungen erfüllen

In diesem Fall geht man detailliert auf die Fragen des Bewerbers ein und signalisiert mit positivem Feedback das Interesse an seiner Bewerbung (zum Beispiel: *"Gerade diese Qualifikation hat bei dieser Aufgabe eine übergeordnete Bedeutung"* oder *"Ihre Berufserfahrung ist gerade auf diesem Gebiet bei unserer Stelle eine der Hauptanforderungen"*). Zweifel oder offene Punkte sollten ausgeräumt resp. schnell geklärt und die Informationen auf die Fragen des Bewerbers abgestimmt werden, z.B. wenn ihm Erwartungen wie Weiterentwicklungsmöglichkeiten, Freiraum oder Teamarbeit besonders wichtig sind. Zeigen Sie konkret auf, wie es nach dem Gespräch weitergeht bezüglich Terminen und wer wann wie als nächster reagieren soll.

Bewerber, die dem Idealprofil nahekommen

Dies sind Ihre Spitzenkandidaten. Lassen Sie sie dies auch emotional wissen, ohne aber dabei zu überschwänglich zu reagieren. Dies kann z.B. am Ende des Gespräches sein: "Ich muss Ihnen ganz spontan schon jetzt gestehen, dass ich Sie mit Ihren hervorragenden Qualifikationen und aufgrund Ihrer sehr gut zu unserem Unternehmen passenden Persönlichkeit sehr gerne bei uns sähe." Sprechen Sie Anerkennungen der Fähigkeiten aus und richten Sie die Vorzüge von Stelle und Aufgaben möglichst konkret auf Fragen, Erwartungen und Qualifikationen des Kandidaten aus. Beispiel: "Ihr Interesse an Fremdsprachen und Ihre Diplome decken sich ideal mit der Tatsache, dass unsere wichtigsten Kunden aus dem englischsprachigen Raum kommen und Sie dabei besonders Ihr Englisch oft und in interessanten Gesprächen einsetzen können".

Sowohl beim in Frage kommenden Bewerber und insbesondere beim Spitzenkandidaten kann eine abschliessende relativ klare Frage nach dem Interesse an der Stelle Klarheit schaffen oder zumindest die Chancen konkretisieren, den Kandidaten für die Stelle gewinnen zu können:

- Ich kann Ihnen schon jetzt sagen, dass Sie bei uns im allerengsten Kreis der Bewerber stehen. Können Sie Ihrerseits auch schon abschätzen, wie gross Ihr Interesse ist, bei uns zu arbeiten?
- Aus dem Gespräch und Ihren Reaktionen habe ich herausgespürt, dass Sie an der Stelle sehr interessiert sind – sehe ich das richtig?
- Gibt es noch wichtige Zweifel oder Vorbehalte, die ich klären kann – wir sind an Ihnen nämlich sehr interessiert und möchten deshalb jeden Punkt gewissenhaft abgeklärt haben.
- Welches sind die ein bis zwei grössten Bedenken oder Unsicherheiten, die Sie bei dieser Stelle haben?

Das strukturierte Telefoninterview

Das strukturierte Telefoninterview bietet eine gute Gelegenheit, den ersten Eindruck, den man vom Bewerberdossier gewonnen hat, zu verdichten und erste Fragen, die sich aus der Bewertung der Unterlagen ergeben haben, zu klären. So können die Kandidaten zielgerichteter eingeladen und Zeit und Kosten gespart werden. Ziel dieser ersten Kontaktnahme ist zum einen die Vorabklärung der fachlichen Kompetenzen sowie zum anderen die Prüfung der festgelegten methodischen Kompetenzen. Dies erfolgt mit Vorteil auf einem auf die Position und die Anforderungen zugeschnittenen, standardisierten Fragebogen zur Sicherstellung von Qualität, Systematik und Vergleichbarkeit.

Vorstellung des Unternehmens

Eine umfassende Vorstellung des Unternehmens ist ein wichtiger Imagefaktor, fördert das Vertrauen des Bewerbers und erweckt einen professionellen und kompetenten Eindruck. Zur Vorstellung Ihres Unternehmens arbeiten Sie am besten mit zwei bis drei Schaubildern. Es geht darum, dem Bewerber den Charakter, die Eigenart und die Unternehmenskultur in groben Zügen vorzustellen. Kurz etwas zur Geschichte, zum Entstehen des Unternehmens berichten, allenfalls mit einer Betriebshistory oder Bildmaterial.

Unternehmen

Mögliche Strukturierung und Informationen in Kürze zur Gründung und Entwicklung des Unternehmens, Ihre Produkte und Kunden und die wichtigsten Ziele und Projekte. Einfaches, aussagekräftiges Organigramm verwenden.

Unternehmens- und Leistungsdaten

Betriebsgrösse, Umsatz und Umsatzziele, Marktanteile und – Entwicklungen. Leistungen, Produkte, Ruf und Kunden. Informieren Sie mit Beispielen oder Anschauungsmaterial, z.B. mit einem Produkt, einem Prospekt oder dem Exemplar einer Hauszeitschrift aus Ihrem Betrieb.

Führungsstil und Kultur

Wichtige Informationen, die aber nicht in auswechselbaren Leitbild-Grundsätzen, sondern in einer für das Unternehmen charakteristischen und glaubwürdigen Art und Weise vorgestellt werden sollen. Beschreiben Sie insbesondere die Abteilung, deren Bedeutung, das Team und darüber hinausgehende Kontakte und Verbindungen. Es wirkt sympathisch, wenn Sie den Linienvorgesetzten, einen Mitarbeiter aus der Abteilung beiziehen oder sie die Aufgaben und die Abteilungen authentisch beschreiben lassen.

Perspektiven

Welche Perspektiven und Ziele hat Ihr Unternehmen; welche sind es, die einen Bezug zur ausgeschriebenen Stelle haben? Was wird insbesondere der Bewerber bei Anstellung zur Weiterentwicklung des Unternehmens beitragen? Inwiefern eröffnen sich für ihn Möglichkeiten zur Weiterentwicklung?

Dokumentationsmaterial für Bewerber

Schon im Vorfeld, während des Interviews und nach Abschluss zur Mitgabe gibt es eine Vielfalt von Informationsmaterialien, mit denen man den Bewerber ausgezeichnet dokumentieren und ihn mit einem Optimum an Informationen ausstatten kann. Man hinterlässt so einen professionellen Eindruck, und der Bewerber fällt den Entscheid auf einem breit abgestützten Informationsspektrum. Nachfolgend einige Beispiele:

- Mitarbeiterzeitung
- Firmenbroschüre
- Werbemittel
- Musterkonzepte
- Tätigkeitsbeschreibung
- Stellenbeschreibung
- Unternehmens-Leitbild
- Situationsberichte

- Presseberichte
- Public-Relations-Beiträge
- Informations-Folder
- Unternehmensporträt
- Aktuelle Projekte
- Organigramm
- Fotos Betriebsanlässe
- Unternehmens-History

Unternehmensinformationen sollten knapp und kurz gehalten werden und nicht in eine langatmige Selbstdarstellung ausarten. Bedenken Sie auch die Wahl des Zeitpunktes, da sonst Informationen des Bewerbers zu stark nach den erhaltenen Unternehmens- Informationen ausgerichtet werden könnten.

Ganzheitliche Kandidatenbeurteilung

Die hohe Kunst der Mitarbeiterauswahl besteht darin, in seiner Entscheidung für oder gegen einen Bewerber die fachliche und persönliche Eignung im Verhältnis zu Menschen, Aufgaben, Leistungen und Unternehmenskultur zu berücksichtigen. Es sollte nicht genügen, einen Bewerber sympathisch oder umgänglich zu finden. Das ist wohl eine wichtige Voraussetzung, reicht aber eben doch nicht aus. Das Ziel muss letztlich nicht sein, einen sympathischen Menschen zu finden, sondern einen neuen Mitarbeiter für Ihr Unternehmen, der die von Ihnen festgelegten Aufgaben und Tätigkeiten übernehmen soll und für gerade diese Aufgaben bestens qualifiziert ist. Wir alle wissen, dass viele Informationen noch immer keine vollumfängliche Garantie dafür sind, den passenden Kandidaten eingestellt zu haben. Allerdings erhöhen Sie mit einem qualifizierten Vorstellungsgespräch und einem ausgeprägten Sensorium für alle diese Problemkreise die Wahrscheinlichkeit, sich für den geeignetsten Bewerber zu entscheiden. Es ist nicht nur Ihr Recht, sondern auch Ihre Pflicht, als Arbeitgeber alles dazu beizutragen, die Entscheidung für den neuen Mitarbeiter unter Berücksichtigung aller relevanten Aspekte zu fällen.

Die Fairness von Interviewern und Kandidaten

Das Verhältnis zwischen Stellensuchenden und Interviewern hat sich gegenüber früher in einer sich in einem tiefgreifenden Wandel befindlichen Arbeitswelt entsprechend verändert. Stichworte sind die Internationalisierung der Arbeitsmärkte, der harte Konkurrenzkampf um die besten und fähigsten Kandidaten, veränderte und gestiegene Ansprüche von selbstbewussteren Stellensuchenden, das Heranbilden von Arbeitgeber-Marken und mehr.

Bewerber sind heute nicht mehr die Bittsteller, die untertänigst auf Arbeit hoffen. Es sind immer öfters anspruchsvolle, gut informierte, ambitionierte und weiterbildungswillige Arbeitsmarktpartner, die wie Kunden behandelt werden wollen und partnerschaftliche Interviews auf gleicher Augenhöhe erwarten. Dies hat ein neues Interviewer-Verständnis zur Folge, welches eine Art neuen Kodex und ein Fairplay bewirkt. Einige Beispiele für ein verbessertes Interviewer-Verhalten könnten konkret sein:

- Respekt und Partnerschaft in Verhalten und Kommunikation
- Akzeptanz von Selbstkritik und Schwächen von Bewerbern
- Keine Erwartungen an perfekte, makellose Mitarbeiter mehr
- Transparenz über Auswahlprozesse, Stellen und mehr
- Kein Verkaufen von Jobs, sondern ganzheitliches Informieren
- Verzicht auf Manipulationen und Versteckspiele
- Konsequentes Respektieren von Datenschutz und Arbeitsrecht

Ehrliches und authentisches Verhalten sowohl vom Interviewer wie auch vom Bewerber fördern eine offene und auf gegenseitigem Respekt basierende Vertrauensbasis. Sie dient letztlich beiden, dem Bewerber, den auf seine Fähigkeiten und Entwicklungsziele ausgerichteten Job zu finden und dem Unternehmen und Arbeitgeber, leistungsfähige und qualifizierte Mitarbeitende zu gewinnen. Ähnlich dem Trend bei Arbeitszeugnissen, von Codes und Verschleierungen wegzukommen, sollte bei Interviews ein ähnlicher Trend stattfinden für mehr Transparenz, Toleranz und Respekt.

Dies verlangt allerdings auch vom Stellensuchenden Ehrlichkeit und Offenheit, eine durchdachte Laufbahnplanung und die eigenverantwortliche Erhaltung und Pflege der Arbeitsmarktfähigkeit.

Verhaltens-Check von Kandidaten

	sehr gut	ist ok	mangelhaft
Kandidat erscheint pünktlich zum Interview			
Er hält regelmässig natürlichen Blickkontakt			
Hört gut zu, fragt nach und antwortet genau			
Verhält sich bei Stressfragen ruhig und beherrscht			
Legt natürliche und echte Höflichkeit an den Tag			
Verfügt über eine angenehme Ausstrahlung			
Lächelt natürlich, nicht zu oft und nicht zu selten			
Zeigt wenn angebracht Humor oder gar Selbstironie			
Kann zu Schwächen, Misserfolgen und Fehlern stehen			
Hat eine entspannte und zugewandte Körperhaltung			
Spricht deutlich, verständlich und dialogorientiert			
Lässt mich als Interviewer ausreden, fällt nicht ins Wort			
Zeigt echtes, aufrichtiges Interesse an Stelle und Firma			
Die Kleidung ist der Situation angepasst und dezent			
Nonverbale Signale stimmen mit Aussagen überein			
Er vermag Emotionen zu zeigen und hat Charisma			
Hat natürliches, sympathisch wirkendes Selbstvertrauen			
Verhält sich nicht zu unterwürfig und devot			
Hände sind sichtbar und Arme nicht verschränkt			
Positive, konstruktive Aussagen/Antworten überwiegen			
Es wird mit klugen Fragen ehrliches Interesse bekundet			
Kandidat ist in Aussagen und Antworten differenziert			
Kann Standpunkte auch klar und couragiert vertreten			
Er beantwortet Fragen konkret, genau und direkt			
Er ist konzentriert und antwortet engagiert			

Organisation und Ablauf eines Interviews

Einladung zum Interview

Je nach Auswahlmöglichkeiten und Art der ausgeschriebenen Stelle werden in der Regel drei bis sieben Bewerber zum ersten Vorstellungsgespräch eingeladen, um die vielversprechendsten Kandidaten für die engere Auswahl bestimmen zu können. Für jedes Ihrer Gespräche sollten Sie abklären, wann - wo - wie lange - und mit welchem Ihrer Mitarbeiter oder Kollegen Sie das Gespräch führen wollen.

Zeitpunkt und Räumlichkeiten

Sie suchen sich zwei Termine heraus, an denen Sie genug Zeit haben und Sie ungestört sind. Können Sie dem Bewerber einen Ausweichtermin anbieten, falls der erste nicht wahrgenommen werden kann? Idealerweise klären Sie den Gesprächstermin telefonisch ab, bevor Sie ihn schriftlich mit Ihrer Einladung bestätigen. Je ruhiger und angenehmer der Raum ist, den Sie für das Gespräch wählen, desto entspannter und für den Bewerber sympathischer wird es verlaufen. Reservieren Sie sich den Raum frühzeitig und stellen Sie auch das Informationsmaterial (Firmenprospekt, Produktmuster usw.) bereit.

Dauer

Je nachdem, ob es das erste, zweite oder dritte Gespräch mit dem Bewerber ist. Ein erstes Gespräch dauert meist zwischen einer halben und einer Stunde, das zweite oder dritte hängt davon ab, wie viele Personen zusätzlich daran teilnehmen, und inwieweit es bereits zu einer Vorentscheidung gekommen ist.

Teilnehmer

Es ist empfehlenswert, einen Linienvorgesetzten, einen engen Mitarbeiter oder einen Gesprächspartner aus der gleichen Abteilung hinzuzuziehen. Dadurch wird der Bewerber von mehreren Personen objektiver beurteilt und genauer beobachtet. Das ist vor allem dann sinnvoll, wenn der Bewerber für ein Fachgebiet eingestellt werden soll, das Ihnen zu wenig vertraut ist. Bedenken Sie bitte, dass Sie die Termine der Vorstellungsgespräche rechtzeitig mit den am Gespräch teilnehmenden Personen koordinieren.

Aufgabenverteilung für ein Vorstellungsgespräch

Im Ablauf einer Personalrekrutierung sind aus organisatorischen Gründen meistens mehrere Personen involviert. Eine klare Aufteilung und Regelung der Aufgaben, Kompetenzen und der Verantwortung vom Personalbedarf über das Vorstellungsgespräch bis zum Einstellungsentscheid ist daher von grosser Bedeutung. Diese Tabelle gibt einen Überblick, welche Aufgaben- und Verantwortungszuordnungen sich in der Praxis bewährt haben.

Übersicht von Aufgaben und Verantwortungszuordnungen

Informationsübermittlung (Daten für den Bewerber)

Personalabteilung
Allgemeine Informationen über das Unternehmen, Führung, Organisation
Personalpolitik, Grundsätze der Entlohnung, Sozialleistungen
Bestandteile des Arbeitsvertrages, Festlegen des Gehalts

Fachabteilung
Allgemeine Informationen über Ziel und Aufgaben der Abteilung
Aufbau, Organisation und personelle Zusammensetzung der Abteilung
Allgemeine Bedingungen des Einsatzes am Arbeitsplatz
Bekanntmachen mit Vorgesetzten

Direkter Vorgesetzter
Genaue Beschreibung der Tätigkeit mit Arbeitsbeispielen
Zeigen des Arbeitsplatzes
Mit künftigen Kollegen und dem Team bekannt machen
Erläuterung des Führungsstils und der Zusammenarbeit

Informationsermittlung (Daten für Bewerber-Beurteilung)

Personalabteilung
Beurteilen der allgemeinen Qualifikation und persönlichen Eignung
Auftreten, Sozialverhalten, Arbeitsverhalten, Initiative, Grundwerte
Selbständigkeit, geistige Regsamkeit, Aufmerksamkeit, Intelligenz
Ermitteln der Gehaltsvorstellungen

Fachabteilung
Beurteilen der persönlichen und fachlichen Eignung für den Bereich
Vergleichen des Anforderungsprofils mit Qualifikationen des Bewerbers
Ermitteln der Erwartungen des Bewerbers hinsichtlich seiner Tätigkeit
Einschätzen der Bedürfnisse von Bewerber und dem Vorgesetzten

Direkter Vorgesetzter
Beurteilen der Integrationsfähigkeit in die Arbeitsgruppe
Beraten des Abteilungsleiters bei der Entscheidungsfindung

Vorbereitungsblatt für Interviews

Position/Stelle: ....

Bewerber/in: ....

Geburtsdatum:........................ Zivilstand: ....

Arbeitsbewilligung:...

Nationalität: ....

Tel. Privat: .... Tel. Geschäft: ....

Adresse Bewerber/in: ....

PLZ:..................... Stadt: ....

Vorbereitung

Prüfung der Bewerbungsunterlagen:

- o   Personalbogen   □
- o   Lebenslauf   □
- o   Foto   □
- o   Schulzeugnisse   □
- o   Ausbildungsnachweis   □
- o   Arbeitszeugnisse   □
- o   Qualifikationsnachweise   □
- o   Lohn-/Gehaltsvorstellungen   □
- o   Frühestmöglicher Eintrittstermin   □
- o   Referenzen mit Angaben der Telefon-Nummer   □
- o   Weitere Unterlagen oder Angaben, die im
  Vorstellungsgespräch noch erörtert bzw. erbeten werden sollen?

....

....

....

Terminplan für Vorstellungsgespräche

Datum:

Verteiler:

Abteilung:

Ausgeschriebene Stelle:

	Datum/ Uhrzeit	Name des Bewerbers	Weiterer Teilnehmer	Notizen/ Bemerkungen
☐				
☐				
☐				
☐				
☐				
☐				
☐				
☐				
☐				
☐				
☐				
☐				
☐				
☐				

Bewerberdossier-Beurteilung für Interview

Abteilung/Stelle: _____

Vorname/Nachname: _____

Eingang Bewerbung: _____

Datum/Uhrzeit Interview: _____ /_____

Gesamteindruck Bewerber-Dossier
Vollständigkeit-Stellenbezug-Sprache/Stil-optischer Eindruck-Niveau

Kommentar: _____

_____

Kongruenz mit Anforderungsprofil insgesamt
Eindruck: o sehr gross   o gross   o zufriedenstellend

Kommentar: _____

Bewerbungsschreiben
Eindruck: o sehr gut   o gut   o in Ordnung   o zufriedenstellend

Fragen/Unklarheit: _____

Lebenslauf
Eindruck: o sehr gut   o gut   o in Ordnung   o zufriedenstellend

Lücken/Fragen: _____

Ausbildungsnachweise (quantitativ und qualitativ)
Eindruck: o sehr gut   o gut   o in Ordnung   o zufriedenstellend

Fragen/Unklarheiten: _____

Arbeitszeugnisse
Eindruck: o sehr gut   o gut   o in Ordnung   o zufriedenstellend

Leistung/Verhalten: _____

Qualifikation
Eindruck: o sehr gut   o gut   o in Ordnung   o zufriedenstellend

Herausragendes: _____

Branchen-, Funktions- und Positions-Erfahrung
Eindruck: o sehr gut   o gut   o in Ordnung   o zufriedenstellend

Fragen/Unklarheiten: _____

Sonstiges (Spezialwissen, Gehalt, Eintrittsdatum, Referenzen)

_____

Hilfsblatt für das Vorstellungsgespräch

Datum:	Stellenbezeichnung:
Name des Bewerbers:	
Geburtsdatum:	Zivilstand:
Arbeitsbewilligung:	Nationalität:
Tel. privat:	Tel. Geschäft:
E-Mail:	Adresse:
Datum der Bewerbung:	
Bearbeiter:	Dossier-Nr.:
Abteilung:	Vorgesetzter:
Fachbereich:	Zieldatum Stellenbesetzung:

Vorbereitung

Prüfung der Bewerbungsunterlagen

	Bemerkungen/Notizen
☐ Personalbogen	
☐ Lebenslauf	
☐ Foto	
☐ Schulzeugnisse	
☐ Ausbildungsnachweis	
☐ Arbeitszeugnisse	
☐ Qualifikationsnachweise	
☐ Lohn-/Gehaltsvorstellungen	
☐ frühestmöglicher Eintritt	
☐ Referenzen mit Angabe Telefonnummer	
☐ Weitere Unterlagen oder Angaben, die im Vorstellungsgespräch noch erörtert bzw. erbeten werden sollen?	

Durchführung	
Information an die Bewerberin/ den Bewerber über das Unternehmen	
☐ Unternehmensziele	
☐ Unternehmensphilosophie	
☐ Marktposition / wirtschaftliche Situation	
☐ Organisationsform	
☐ Anzahl Mitarbeiter	
☐ Weitere Informationen	
Fragen an Bewerber/in	
☐ Grund der Bewerbung	
☐ /Bewerbungsmotiv	
☐ zukünftige Berufspläne	
☐ Interesse an Aufstieg/Weiterbildung	
☐ Persönliche und familiäre Situation	
☐ ausserberufliche Interessen	
☐ bisheriges Arbeitsentgelt	
☐ Stärken/Schwächen	
☐ Ziele	
☐ Verdiensterwartungen bei Eintritt	
☐ Verdiensterwartungen in Zukunft	
Abschlussgespräch mit den am Gespräch beteiligten Mitarbeitern	
vereinbarter Termin für Nachricht an Bewerber/in	
vereinbarter Termin für Nachricht von Bewerber/in	
möglicher nächster Gesprächstermin mit Bewerber/in	
Dabei noch zu klärende oder offene Fragen:	

Kopie(n) an betreffende Abteilung(en):

Bei Nichteignung für die vorgesehene Stelle:

Bestehen Einsatzmöglichkeiten in einer anderen Abteilung/Position?	☐ ja	☐ nein
Wo?	Abteilung:	Position:

Für welche Aufgaben?

1.	
2.	
3.	

Datum:	Unterschrift:

Bemerkungen:

Interviewblatt Kurzform

Datum:	Stellenbezeichnung:
Name des Bewerbers:	Datum der Bewerbung:
Abteilung:	Linienvorgesetzter:
Fachbereich:	Zieldatum Stellenbesetzung:

Eindruck:

Beurteilungskriterien	Bemerkungen, Notizen
☐ Bewerbungsschreiben	
☐ Lebenslauf	
☐ Aus- und Weiterbildung	
☐ Zeugnisse	
☐ Bewerbungsmotive	
☐ Fachliche Qualifikation	
☐ Persönlichkeit, Auftreten	
☐ Persönlicher Hintergrund	
☐ Lohnansprüche	
☐ Intelligenz, Motivation	
☐ Sprachlicher Ausdruck	
☐ Erwartungen Bewerber	
☐ Unsere Erwartungen	
☐ Kriterium Stelle:	
☐ Anderes Kriterium:	

Gesamteindruck

Person, Auftreten:	
Fachliche Qualifikation:	
Erfahrung:	Ihr Kriterium:

Weitere Vorgehensweise:

Bedenkzeit bis:	Bescheid:
Ablehnung:	Anderes:

Interviewblatt für den Linienvorgesetzten

Dieses Formular kann dem Linienvorgesetzten vor den Interviews zum Ausfüllen übergeben werden, damit der fachliche Bereich im Interview mit mehr Sicherheit, Systematik und Kompetenz abgedeckt werden kann.

Datum:	Stellenbezeichnung:
Name des Bewerbers:	
Datum der Bewerbung:	
Telefon:	E-Mail:
Abteilung:	Vorgesetzter:
Fachbereich:	Zieldatum Stellenbesetzung:

Eindruck der Bewerbungsunterlagen:

Gesprächsvorbereitungs-Notizen anhand der Bewerbungsunterlagen

Ablauf

1. Vorstellen der Arbeit

	Hauptaufgaben:
	Detailaufgaben:
	Spitzenzeiten:
	Kontakte nach aussen:
	Fremdsprachengebrauch:
	Weitere Aufgaben:

2. Fragen zum Fachwissen oder zu speziellen Kenntnissen

	Frage	Antwort
1.		
2.		
3.		

Zu klärende Bereiche	Antwort

Aus- und Weiterbildung	
<Umschreibung>	
<Gewünschte Informationen>	
Erfahrung aus bisherigen beruflichen Tätigkeiten	
<Umschreibung>	
<Gewünschte Informationen>	
Unternehmensspezifische Fachbereiche mit besonderen Prioritäten	
<Umschreibung>	
<Gewünschte Informationen>	
Zurzeit laufende Projekte und künftige Anforderungen	
<Umschreibung>	
<Gewünschte Informationen>	
Wie verbleiben wir?	
Datum Interview:	Interviewer:

Bemerkungen

Interviewblatt für Vorgesetzten

Name des Bewerbers:			

Telefonnummer:	E-Mail:

Bewerber-Nummer:

Alter:	Möglicher Eintritt am:
Lohnerwartung:	Tätigkeit/Beruf zur Zeit:

	ja	nein
Entspricht dem Anforderungsprofil		
Passt zu uns		
Eventuell spätere Anstellung		
Absage		

Begründung Absage

Empfehlung

Offene Fragen

Evaluation durch

Notwendige Unterlagen:

☐ Fragebogen	☐ Zeugnisse	☐ Referenzauskünfte

Ergänzende Unterlagen:

Entscheid

Anstellung	☐ Ja	☐ Nein

Anstellung nach Abklärung untenstehender Fragen:

Anstellung als:

Lohn	Brutto:	Netto:

Ergänzungen/Bemerkungen:

Datum:	Visum:

147

Interview-Notizblatt für Spontaneindrücke

Abteilung/Stelle: _____
Vorname/Nachname: _____
Datum/Uhrzeit Interview: _____ / _____

Persönlicher Eindruck	
+	**–**
Stichwort Haupteindruck:	

Fachliche Qualifikation	
+	**–**
Stichwort Haupteindruck:	

Produkt- und Branchenerfahrung	
+	**–**
Stichwort Haupteindruck:	

Aus- und Weiterbildungsaktivitäten	
+	**–**
Stichwort Haupteindruck:	

Sonstiges (Lohnerwartung, Karriereziele, Führungsqualitäten usw.)	
+	**–**
Stichwort Haupteindruck:	

Dokumentations- und Präsentationsmaterial

Unterlagen und Anschauungsmaterial zur Vorbereitung und Durchführung des Interviews	nicht vorhanden	erstellen	aktualisieren	ergänzen	beschaffen	nur evtl. zeigen	zeigen/verwenden
Unternehmen Unternehmensbroschüre Unternehmenshistory Porträt aus der Presse							
Arbeit/Aufgaben Stellenbeschreibung Tätigkeitsanalyse Aktuelle Projekte und Aufgabenstellungen							
Bewerbungsunterlagen Lebenslauf Ausbildungsbelege Fragenliste zu den Unterlagen							
Anschauungsmaterial Produktmuster Pilottyp eines Produktes Repräsentatives Leistungsbeispiel (Auftrag)							
Informationen Mitarbeiterzeitschrift Intranet-Mitarbeiterinformationsseite Website in Printform oder auf Laptop							
Meldungen aus der Presse Events und Aktuelles Unternehmensbericht Herausragende Meldung (Innovation usw.)							
Diverses Fotos von einem Betriebsfest oder -anlass Kurzer Rundgang Zeigen des Arbeitsplatzes							
Bemerkungen:							

Das strukturierte Interview von A-Z

Dieses Formular soll helfen, sich systematisch auf die Phasen, Fragen und Bewerberinformationen eines Interviews vorzubereiten. Diese Liste kann auch gekürzt und auf die eigene Interviewtaktik zugeschnitten werden.

Thema	Bewertung
Initiative zur Bewerbung	
Was bewog den Kandidaten, sich zu bewerben?	
Was interessiert ihn an der Stelle?	
Grund des Stellenwechsels	
Informationen über das Unternehmen an den Bewerber	
Das Unternehmen generell	
Ziele, sein Markt, seine Produkte und Kunden	
Geschichte, Entwicklung und Ausrichtung	
Weiterbildungs- und Aufstiegsmöglichkeiten	
Lohn, Sozialleistungen, Ferien, Arbeitszeit	
Betriebsklima, Führungsstil und Kultur	
Bedeutung, Zusammenhänge der Stelle für das Unternehmen	
Gewünschter Eintrittstermin	
Verhältnis zum vorherigen Arbeitgeber	
Welche sind positive Erfahrungen?	
Welche sind negative Erfahrungen?	
Welche Weiterentwicklung erhofft sich der Bewerber zur ausgeschriebenen Stelle?	
Beruflicher Werdegang	
Gründe/Motive für die damalige Berufswahl	
Bisherige unterschiedliche Stellen/Branchen	
Bisherige Positionen oder Führungsaufgaben	
Die berufliche Entwicklung und die Ziele	
Gründe für den jetzigen Wechsel	
Die jeweiligen Gründe für die Stellenwechsel	
Aus- und Weiterbildung	
Schulbesuch und Lieblingsfächer	
Gründe für Studium, -wechsel oder -abbruch	

Bisherige Weiterbildungsaktivitäten	
Eigeninitiierte in Weiterbildungsmassnahmen	
Autodidaktische Aktivitäten wie Fachliteratur	
Mittel- und langfristige Weiterbildungsziele	
Fachliche Anforderung	
Stärken und Schwächen bei bisherigen Stellen, Projekten und Aufgaben	
Erfahrungen an den vorherigen Stellen/Fachliche Stärken und Schwächen	
Das Einbringen der Stärken und Erfahrungen bei der von Ihnen angebotenen Aufgabe	
Bisherige berufliche Erfolge und Misserfolge	
Stärken/Schwächen in Selbsteinschätzung	
Berufliche Wünsche und Vorstellungen	
Erwartungen an die neue Position. Die neuen Vorgesetzten, Mitarbeiter und Kollegen	
Fachliche und führungsbezogene Karriereziele	
Bedeutung bestimmter Begriffe (wie z.B. "Arbeit" und "Zufriedenheit")	
Vorstellungen von der Dauer der Anstellung	
Motivation	
Motivation für den Beruf überhaupt	
Motivation für die ausgeschriebene Stelle	
Persönliche Motivationen und berufliche Ziele	
Stellenspezifische Neigungen und Begabungen	
Mittel- und langfristige Ziele	
Lohnerwartungen	
Gehalt beim vorherigen Arbeitgeber	
Vorstellungen des Kandidaten	
Das erwartete Minimalgehalt	
Lebenslauf	
Fragen zu den genannten Ausbildungen	
Klärung eventueller Lücken oder Unklarheiten	
Kommentare zur Verweildauer bei Stellen zuvor	
Gründe unterschiedliche Anstellungsdauer	

Persönliche Eigenschaften	
Charakter und Persönlichkeit generell	
Charakter und Persönlichkeit im Hinblick auf das Vorgesetztenverhältnis	
Teamgeist, Zusammenarbeit	
Entscheidungsverhalten	
Kontakte nach aussen	
Teamtauglichkeit	
Allgemeine Interessen und Einstellungen	
Persönliche Stärken und Schwächen	
Langfristige berufliche und private Ziele	
Ausserberufliches Engagement	
Freizeitverhalten/Auswirkungen auf Beruf	
Der persönliche Hintergrund	
Diese Fragen dienen der Klärung und der Vervollständigung von Fragen zur Person und deren Verhalten und Präferenzen	
Eventuell zu klärende Einzelfragen	
Kündigungsfrist	
Eventuelle Wettbewerbsklauseln	
Mobilität Umzugsbereitschaft, Ferienbezüge	
Zweites Gespräch mit anderen Teilnehmern	
Zusatzleistungen wie Firmenwagen	
Absprachen oder andere ungeklärte Situationen auf Unternehmensseite	
Bemerkungen und Kommentare	

Gesprächsteilnehmer und deren Rollen

Mögliche Gesprächskonstellationen

Es gibt Unternehmen, die auf die Teilnahme mehrerer Personen grossen Wert legen, sodass manchmal vier oder gar fünf Personen gleichzeitig anwesend sind. Andere Firmen lassen die Bewerber mit ihren Gesprächspartnern nacheinander in Kontakt treten, indem die Gespräche in den Büros der entsprechenden Personen geführt werden. Dies hat zudem den Zeitvorteil, dass das erste Gespräch nach relativ kurzer Zeit für den nächsten Kandidaten zur Verfügung steht. Wieder andere Unternehmen führen – sofern es sich um Berufsanfänger handelt – ein Gruppengespräch mit mehreren Bewerbern.

Kandidaten für führende Positionen

Für Kandidaten im Managementbereich resp. in führenden Positionen sind andere Vorgehensweisen zu empfehlen. Bei ihnen sitzt entweder ein Vertreter der Geschäftsleitung unmittelbar mit am Tisch oder dieser ist bei der zweiten Runde dabei.

Immer dann, wenn mehrere Gesprächspartner an einem Tisch sitzen, gebietet es schon die Höflichkeit, sich bereits zu Anfang eines Gesprächs mittels ausgeteilter Visitenkarten vorzustellen. Der Gesprächsführer sollte darüber hinaus entweder selbst etwas über seine Kollegen sagen – vor allem dem Bewerber gegenüber, weshalb sie teilnehmen und welches ihre Funktionen sind. Dabei ist für den weiteren Gesprächsverlauf nicht nur für die Kandidaten von elementarer Bedeutung, ob es sich um eine Runde von überwiegend Zuhörenden handelt oder ob jeder der Gesprächspartner im Gespräch eine konkrete Rolle mit entsprechenden Fragen übernimmt.

Ein oder mehrere Gesprächspartner?

Es ist schwer zu sagen, welche von den beiden Varianten – verteilte Rollen oder ein Gesprächspartner plus Zuhörer – für einen Bewerber eine belastendere Ausgangssituation ist. Besonders problematisch ist es jeweils, wenn ein Bewerber in einer grossen Runde in keiner Weise erkennen kann, von wem was gefragt wird bzw. wen was interessiert. Ebenfalls schwer zu durchschauen ist für einen Aussenstehenden, ob die "Front von Interviewern und Zuhörern" von mehreren Seiten sozusagen beabsichtigt ist, um zu sehen, wie ein Kandidat damit fertig wird, oder ob es eher ein Zeichen mangelnder Koordination, fehlender Absprachen, Rivalitäten oder anderer ungeklärter Situationen auf Unternehmensseite ist.

Das Dreiergespräch

Eine sehr weit verbreitete und auch akzeptierte Form des Interviews ist, dass der Recruiter aus der Personalabteilung und der Linienvorgesetzte bzw. Abteilungsleiter der ausgeschriebenen Stelle, gemeinsam das Interview führen. In der Regel hängt es von der Hierarchieebene der zu besetzenden Position ab, wer die Interviewführung übernimmt.

Beide Interviewer haben in einem solchen Fall zumindest schwerpunktmässig unterschiedliche Informationsinteressen. Der Personalverantwortliche muss sich unter anderem um die formalen Belange, wie Kündigungsfrist, Lebenslauf, Probezeit, Einführung und dergleichen kümmern. Er ist vielfach auch derjenige, der mehr Know-how und Erfahrung im Führen von Interviews hat und der versucht herauszufinden, ob der Bewerber mit einiger Wahrscheinlichkeit zum Unternehmen passen wird. Der unmittelbare Vorgesetzte dagegen will wissen, ob ein Bewerber den fachlichen Anforderungen genügt und ob er in das vorhandene Team und zu ihm als eventuellem Vorgesetzten passen wird. Entsprechend sind dann meist die Gesprächsschwerpunkte zwischen beiden Interviewern aufgeteilt. Es ist von Vorteil, eine solche Aufteilung und die damit verbundenen Gründe dem Bewerber bekannt zu geben.

Beide Personen zusammen stellen überdies das vielfach gewünschte Vier-Augen-Prinzip sicher. Das Urteil kann auf diese Weise im Nachhinein diskutiert werden, und es besteht die Wahrscheinlichkeit, dass dieses gemeinsame Urteil objektiver ausfällt, weil – insgesamt gesehen – beiden gemeinsam mehr Details auffallen. Ferner sind damit auch die fachliche Kompetenz und die Teameignung auf jeden Fall eher sichergestellt.

Vorteile und Nachteile für den Kandidaten

Ein solches Vorstellungsgespräch kann aus verschiedenen Gründen für einen Bewerber durchaus angenehm und von Vorteil sein. Er hat es mit zwei unterschiedlichen Personen zu tun und erhält somit die Chance, vor allem in der Beurteilung der Persönlichkeit objektiver wahrgenommen zu werden. Bleibt der Bewerber einmal bei einer Antwort stecken oder hat er den Faden verloren, kann der andere Interviewer übernehmen und geschickt ausgleichen.

Handelt es sich bei den Interviewern zudem noch um ein eingespieltes Team, wird auch dies die Gesprächsatmosphäre positiv beeinflussen. Es kann aber auch Bewerber geben, die sich bei einem solchen Dreiergespräch gestresst und unter Druck gesetzt fühlen. Es ist dann besonders wichtig, die Rollen klar zu definieren, über den Grund der Teilnahme von zwei Interviewern zu informieren oder einen Linienvorgesetzten zum Beispiel erst zu einem späteren Zeitpunkt hinzuzuziehen.

Ein Interviewer und ein oder mehrere Zuhörer

Kommen wir nun noch zu der Variante: Eine Person führt das Gespräch mit dem Kandidaten und eine oder mehrere andere hören zu.

Dies kann dann sinnvoll sein, wenn eine hierarchisch höher gestellte Führungskraft zwar nicht selbst über die endgültige Auswahl entscheidet, aber zumindest nach Beendigung des Interviews seine Meinung beisteuern soll oder will. Es kann dann passieren, dass diese Führungskraft entweder gar nichts sagt oder allenfalls einige wenige Fragen an den Kandidaten richtet, die vielfach beabsichtigt dann kommen, wenn man ihn eigentlich schon fast vergessen hatte. Eine solche Situation führt beim Bewerber vielfach zu einer spürbaren Anfangsverunsicherung, weil er immer darauf wartet, dass die anderen sich irgendwann einschalten. Zwangsläufig sind je nach Teilnehmer am Interview die Schwerpunkte unterschiedlich. Es ist auf jeden Fall empfehlenswert, den Kandidaten über die Rollen, die Gründe und die Informationserwartungen der teilnehmenden Personen zu informieren und damit eine klare Situation zu schaffen.

Miteinbezug des momentanen Stelleninhabers

Das Hinzuziehen eines Stelleninhabers, der eine ähnliche oder die ausgeschriebene Stelle innehat, bietet zahlreiche Vorteile. Diese können vor Abschluss des Gespräches hinzukommen. Die Vorteile in Kürze:

• Absicherung und Objektivierung des persönlichen Eindruckes
• Praxissicht und vertiefte Informationen für den Bewerber
• Klärung wichtiger Detailfragen für Stelleninhaber und Bewerber
• Teammitsprache und Absicherung Teameignung und Akzeptanz
• Vorstellung konkreter Beispiele, Unterlagen und Dokumente

Gerade die Beurteilung der persönlichen Aspekte ist durch eine Person immer sehr subjektiv. Je mehr Personen sich auf der persönlichen Ebene einen Eindruck verschaffen, desto objektiver und breiter abgestützt fällt die Beurteilung aus.

Authentische Aufgabenschilderung aus Praxissicht

Mit einer konkreten, detaillierten, aktuellen und möglicherweise auch kritische Punkte streifenden Schilderung der Aufgabe aus der Praxis des Stelleninhabers steigt der Informationswert für den Bewerber, und die so gewonnenen Informationen stellen sicher, dass die Einschätzung realistisch und in für beide Seiten wichtigen Details erfolgt.

Formulare, Arbeitsmaterialien, Produktbeispiele, aktuelle Konzepte, Statistiken und vieles mehr können anhand aktueller Beispiele vom momentanen Stelleninhaber beschrieben und vorgestellt werden.

Mehr Sicherheit bezüglich Teameignung

Ein weiterer positiver Aspekt ist der Einbezug eines Teammitgliedes und somit eine praktizierte Form der Mitsprache beim Einstellungsentscheid. Konfliktrisiken werden so reduziert und die Chance der Akzeptanz im Team und der Abteilung steigen erheblich.

Solche Informationen von Stelleninhabern mit vergleichbaren oder identischen Aufgaben können auch mit einem Vorgespräch eingeholt werden. Auch wenn hier die Einschätzung des persönlichen Eindruckes und die Beurteilung der Teamintegration verloren gehen, ist zumindest eine reduzierte Form der Mitbeteiligung am Einstellungsentscheid möglich.

Der Vorteil liegt darin, dass in einem solchen Fall ein ganzes Team oder eine Abteilung ihre Sicht der Dinge und Erwartungen einbringen kann.

Vorstellung des gesamten Teams und des Arbeitsplatzes

Ein unter Umständen empfehlenswerter Weg kann sein, den Kandidaten dann dem gesamten Team vorzustellen und dabei auch den Arbeitsplatz und einige Arbeitshilfsmittel zu zeigen. Einige gegenseitige Fragen und Antworten vertiefen beidseitig den Eindruck voneinander und geben mit diesem gegenseitigen "Beschnuppern" zusätzliche Sicherheit. Für den Bewerber ist der authentische Eindruck von der Team- und Arbeitsatmosphäre und die Abschätzung der Kompatibilität mit dem Teamcharakter hilfreich und wertvoll, da sie ihn bei seinem Entscheid unterstützen. Für das Team selber ist es motivierend, auf den Einstellungseinfluss des künftigen Arbeitskollegen unter Umständen Einfluss nehmen oder sich von ihm mindestens ein Bild machen zu können, was auch das Risiko von Inkompatibilitäten zumindest reduzieren kann.

Tabellarische Stellenbeschreibung

Diese Tätigkeitsbeschreibung informiert den Bewerber detailliert über die Stelle und kann beim Interview als schriftliche Grundlage verwendet und ihm nach Abschluss des Gespräches ausgehändigt werden.

Aufgabe der Stelle: Zuvorkommende und kompetente Betreuung unserer Kunden sowie administrative und statistische Arbeiten.

Stellvertretung und Vorgesetzter: Stellvertretung: Susanne Lehmann, Vorgesetzter: Markus Laubster, Leiter Kundendienst

Bedeutung für das Unternehmen: Gutes Service-Image und kompetente Kundenbetreuung

Aufgaben, Kompetenzen und Verantwortung

Haupttätigkeiten	**Zeitanteil**
Entgegennahme von Kundentelefonaten	40%
Erstellung von Reklamationsstatistiken auf Excel	15%
Mithilfe bei Planung von Service-Einsätzen der Monteure	15%
Kundenkorrespondenz nach Vorlage	15%
Telefonische Kundenbefragungen	5%
Nebentätigkeiten	
Beantwortung von E-Mail-Anfragen	5%
Persönliche Kundenberatung am Empfang	5%
Organisation und Betreuung von Sitzungen	1x / Mon.
Protokollführung bei Sitzungen des Kundendienstleiters	1x / Mon.
Total	100%

<Weitere Informationen zur Stelle>

<Leiter Kundendienst>	<Stellvertretende Personalleiterin>
<Ersteller Stellenbeschreibung>	<Datum der Erstellung>

Wir danken Ihnen für Ihr Interesse an dieser Stelle und Ihren Besuch unseres Unternehmens. Wenden Sie sich bei Fragen oder Unklarheiten, die sich nach dem Vorstellungsgespräch ergeben, jederzeit an die obigen Mitarbeiter.

Vorgehen nach einem Vorstellungsgespräch
Datum:
Stellenbezeichnung:
Name des Bewerbers:
Telefon:
E-Mail:
Datum der Bewerbung:
Abteilung:
Vorgesetzter:
Zieldatum Stellenbesetzung:
Fachbereich:
Informationen zu weiteren Aktivitäten und Abmachungen:
Wer meldet sich
☐   Bewerber   ☐   Firma
wann:
wie: ☐ telefonisch   ☐ schriftlich
aufgrund von:

Bedenkzeit	vom Bewerber bis:	von der Firma bis:

Bemerkungen:

☐ Keine Einstellung erwünscht	☐ vom Bewerber	☐ von der Firma

☐ muss dem Bewerber noch mitgeteilt werden

Begründung:

☐ Einstellung erwünscht

Begründung:

Einstellungsdatum:	Einstellung als:	
Probezeit:	von:	bis:

Der Arbeitsplatz wurde vorgestellt von:

Es wurden folgende Vereinbarungen getroffen:

1.	
2.	
3.	
4.	
5.	

Datum:	Unterschrift des Beurteilers

Interviewfragen und Interviewtechniken

Die Fragetechniken anhand von Beispielen

Empfehlenswert und aktuell ist die bewerberorientierte Gesprächsführung. Durch geschicktes Zuhören, von der Feedbackmethode über eine Neuformulierung bis zur klärenden Verbalisierung, in Verbindung mit nonverbalen Techniken und vor dem Hintergrund grundsätzlicher Gesprächshaltungen (u.a. Echtheit, einfühlendes Verstehen), werden die wesentlichen Teilziele (Erkenntnisse und Beziehungsaufbau) des Vorstellungsgesprächs gut erfüllt.

Die Art und Weise der Fragestellung hat einen grossen Einfluss auf die Beschaffung von Informationen, das Gesprächsklima und die Steuerung des Gespräches als Ganzes.

1. Geschlossene oder Ja- oder Nein-Fragen

Alle Fragen, auf die nur sehr knapp oder mit Ja/Nein geantwortet werden kann, sind sogenannte geschlossene Fragen. Zur Gewinnung von Informationen sind solche Fragen daher ungeeignet, es sei denn, man ist bewusst auf eine kurze, schnelle oder klarstellende Antwort aus.

2. Suggestiv-Fragen

Dabei wird die Antwort schon in der Frage gegeben bzw. die erwartete Antwort vorgegeben. Da diese Frageform schnell einmal einen manipulativen Eindruck erwecken kann, ist sie mit Vorsicht einzusetzen.

- Sie haben doch viel Erfahrung im Verkauf?
- Sie verstehen was vom Service von diesen Druckmaschinen?
- Wie ich im Lebenslauf gesehen habe, haben Sie zwei Jahre sehr gute Erfahrung als Buchhändler?

3. Offene Fragen

Offene Fragen verlangen nach mehr. Der Bewerber muss sich öffnen und mit mehr als einem Ja oder Nein antworten. Sie fangen meistens an mit Warum, Wie, Weshalb und sind eine schlichte Aufforderung zu reden:

- Welches sind Ihre erfolgreichsten beruflichen Leistungen?
- Warum haben Sie sich bei uns beworben?
- Erzählen Sie mir doch etwas über Ihren beruflichen Werdegang.

4. Fakten-Fragen

Das sind Fragen, die sich an Fakten orientieren und die eine klare, meistens auch überprüfbare Antwort zur Folge haben:

- Wann sind Sie geboren?
- Wie heissen Sie?
- Wann schlossen Sie Ihre Ausbildung ab?

Diese Fragen sind eher geschlossen, denn sobald die Antwort gegeben ist, bricht das Gespräch ab.

5. Schilderungs- oder "Erzählfragen"

Erzählfragen enthalten eine Aufforderung, dass sich der Bewerber detaillierter zu einem Thema äussern soll. Sie eignen sich auch, um das Ausdrucksvermögen beurteilen zu können und zu Prioritäten und Emotionen einen aufschlussreicheren Eindruck zu erhalten.

- Erzählen Sie mir doch mal, wie Sie Ihren gestrigen Arbeitstag erlebten.
- Wie sind Sie mit Ihrem letzten grösseren Konflikt umgegangen?
- Sagen Sie mir doch anhand von Beispielen, was Sie unter einem guten Arbeitsklima verstehen.

6. Bewertungsfragen

Dies sind Fragen, die den Wissensstand, das Urteilsvermögen und das Erkunden einer Meinung ermöglichen:

- Was denken Sie über die Bedeutung des Internets in Ihrem Bereich?
- Was halten Sie von den neuen Verordnungen des Verbandes XY?
- Wie finden Sie die Idee des Sponsorings an Schweizer Schulen?

7. Einschätzungsfragen

Ähnlich gerichtete Fragen zielen eher auf die Zukunft und die Einschätzung möglicher Entwicklungen ab:

- Wie schätzen Sie die technologische Entwicklung in Ihrem Fachgebiet ein?
- Wie könnte Ihr Beruf in 10 Jahren aussehen?
- Wie schätzen Sie die Entwicklung unserer Branche für die nächsten fünf Jahre ein?

Diese Antworten verraten oft einiges darüber, wie intensiv sich ein Bewerber mit seinem Beruf, seiner Situation oder einem Unternehmen auseinandersetzt.

8. Handlungsfragen

Das sind die "Was-würden-Sie-in-Situation-XY-tun"-Fragen. Hier geht es um die spontane Problemlösungs-Fähigkeit. Hier sollten Lösungen eingebracht werden, die möglichst präzise und klar strukturiert sind.

Hier zeigt sich, wie schnell ein Bewerber reagiert, wie systematisch er zu denken weiss, ob er lösungs- oder problemorientiert ist und wie er ein Problem überhaupt angeht. Es zeigt sich auch, ob es sich um einen Einzelkämpfer oder einen Teamplayer handelt. Denn wenn z.b. bei den Schilderungen spontan Mitarbeiter in Pläne einbezogen, Aufgaben delegiert werden usw., wird eine behauptete Teamfähigkeit sehr viel glaubwürdiger.

9. Projizierende Fragen

Diese Frageart kann dann eingesetzt werden, wenn sich ein Bewerber sehr zurückhaltend verhält. Dahinter steckt die Taktik, den Bewerber nicht als Person direkt, sondern von der Fragestellung her über andere Personen an die Antwort zu führen, was vielen leichter fällt.

- Wie würde dies ein Berufskollege von Ihnen beurteilen?
- Meinen Sie, dass dies den meisten Mitarbeitern wichtig ist?
- Hat Ihr Vorgesetzter dies ähnlich beurteilt?

10. Motivierende Fragen

Unsicheren Bewerbern kann mit dieser Fragestellung mehr Selbstvertrauen und Sicherheit gegeben und bei heiklen Situationen das Gespräch wieder in Gang gesetzt werden.

- Wie ich sehe, haben Sie in diesem Bereich fundierte Erfahrung. Können Sie mir deshalb sagen, was...
- Wie schätzen Sie als Fachmann diese Situation ein?
- Sehen Sie als engagierte und in der Weiterbildung aktive Berufsfrau diese Entwicklung ähnlich?

11. Mehrfachfragen möglichst vermeiden

Diese sind konsequent zu unterlassen. Bei diesen schnell aufeinander folgenden Fragen werden die Antworten des Bewerbers unpräzise, sie verunsichern und haben oft auch unbewusste Gewichtungen und Erwartungen, z.B.:

- Welche Lohnvorstellungen haben Sie, wie möchten Sie sich bei uns entwickeln und wie steht es um die Karriereplanung?
- *Besser:* Drei Themen in drei Fragen angehen: Lohnerwartungen, Weiterentwicklungsperspektiven, Karriereerwartungen und –ziele.

12. Negativ-Fragen besonders zu Beginn vermeiden

Negativ-Fragen erzeugen eine schlechte Atmosphäre und implizieren Misstrauen. Negative Fragestellungen sind grundsätzlich, ganz besonders aber zu Beginn eines Interviews zu vermeiden.

- Weshalb haben Sie Ihre Ausbildung nach so kurzer Zeit abgebrochen?
- *Besser:* Sie scheinen schnell erkannt zu haben, dass die erste Ausbildung für Sie nicht der richtige Weg war – können Sie mir dazu etwas mehr sagen?
- Es fällt auf, dass Sie bei vielen Firmen nur einige Monate gearbeitet und diese dann wieder verlassen haben.
- *Besser:* Sie scheinen bei der Wahl Ihrer Arbeitgeber nicht immer eine glückliche Hand gehabt zu haben (Lebenslauf) – woran lag das?
- Ihr Lebenslauf enthält zahlreiche Lücken und "weisse Flecken" – wie können Sie diese erklären?
- *Besser:* Sie wollten in der Zeit vom ... bis ... nebst der beruflichen Entwicklung offensichtlich auch andere Erfahrungen machen – die würden mich interessieren.

13. Keine wertenden Fragen mit voreiligen Schlussfolgerungen

Diese Fragestellung suggeriert eine Antwort, die dann zu wenig objektiv ausfällt oder die Vorschlussfolgerung ist überhaupt nicht zutreffend.

- Dann haben Sie also mit viel Eigeninitiative und Ehrgeiz sehr schnell verantwortungsvolle Aufgaben erhalten?
- *Besser:* Was war der Grund, weshalb Sie so schnell Verantwortung übernehmen konnten?

Praxiserprobte Gesprächsregeln für Interviews

1. Kontaktherstellung nicht vernachlässigen

Ob man es Smalltalk oder die Aufwärmphase nennen will, eine Ruhe und konstruktive Haltung ausstrahlende Kontaktaufnahme wirkt sich auf das gesamte nachfolgende Gespräch aus und schafft eine Vertrauensbasis, die Ihnen als Interviewer und dem Bewerber hilft.

2. Für ruhige und entspannte Atmosphäre sorgen

Zwischendurch eine Prise Humor, eine sympathische Gesprächseröffnung, eine Einleitung, in der auf den Aufbau und die Dauer des Gespräches hingewiesen wird, keine Telefonate oder eintretende Mitarbeiter und Auflockerung durch Produktbeispiele zum Anfassen, Unterlagen als Beispiele usw. sorgen für eine ruhige und entspannte Atmosphäre.

3. Mit Einfühlungsvermögen auch heikle Punkte angehen

Das Ausklammern wichtiger heikler Punkte kann eine Gesprächsatmosphäre vergiften und das Vertrauen zerstören. Gehen Sie auch heikle Punkte (Gesundheit, Zeugnisaussagen, Widersprüche usw.) an, indem Sie solche Fragen mit Takt, Einfühlungsvermögen, dem Nennen des Grundes der heiklen Fragen stellen und dem Bewerber Spielraum lassen.

4. Nehmen Sie die Gesprächsführung in die Hand

Mit den richtigen Fragen, einem systematischen Gesprächsaufbau und einer guten Vorbereitung sind Sie es, der das Gespräch aktiv in die von Ihnen gewünschte Richtung führt.

5. Respekt und Höflichkeit sind das Fairplay des Interviewers

Es zeugt von einem schlechten Interviewstil und hinterlässt einen fragwürdigen Eindruck, Bewerber in die Enge zu treiben. Respekt vor der Persönlichkeit und Höflichkeit schaffen eine gute und sympathische Gesprächsatmosphäre und lockern das Gespräch auf. Ein Bewerber, der Vertrauen zu Ihnen aufbaut, gibt auch ehrlichere Antworten.

6. Unsicherheiten und Widersprüche sofort klären

Heikle Punkte oder sich aus den Bewerbungsunterlagen ergebende Widersprüche sollten unbedingt angesprochen und geklärt werden, in etwa: "In den Aussagen Ihres Zeugnisses des Arbeitgebers XY und jenen in Ihrem Lebenslauf betreffend XY sehe ich einen Widerspruch. Diesen möchte ich gerne klären, können Sie mir da weitere Informationen geben?"

7. Antworten sind oft so gut wie die Fragestellung

Fragen sollten nicht zu langatmig und mit vielen Wenn und Aber gestellt werden. Verwirrend können auch suggestive Fragen sein, die die erwartete Antwort schon vorwegnehmen. je klarer, kürzer und direkter die Fragestellung ist, desto besser die Antworten der Bewerber.

8. Ein Interview ist ein partnerschaftliches Gespräch, kein Verhör

Die Art der Fragen, die Gesprächsatmosphäre und die Vertrauensbasis, die hergestellt werden sollte, prägen den Stil eines Vorstellungsgespräches, welches kein Verhör mit einem Bombardement an Fragen sein sollte, sondern ein partnerschaftliches, der Gewinnung von Informationen dienendes Gespräch.

9. Suggestivfragen verunsichern und sind unfair

Suggestive Fragen, die die erwartete Antwort schon vorwegnehmen, sind zu vermeiden, bis auf wenige Ausnahmefälle. Sie verunsichern und manipulieren ein Gespräch zu sehr. (Beispiel: "Ich habe den Eindruck, dass es Ihnen bei den meisten Jobs nicht gefiel, was können Sie mir dazu sagen?").

10. Nachfragen klärt und vervollständigt vieles

Das Nachhaken und Nachfragen ist eine sehr wichtige Form der professionellen Interviewführung, welche wichtige Details vertieft, einen Sachverhalt vervollständigt und objektiviert und den Bewerber dazu bringt, einen gewissen Themenbereich konkreter, klarer, detaillierter zu beantworten. Dabei kann folgendermassen vorgegangen und formuliert werden:

- Zu diesem Punkt möchte ich gerne noch mehr zur Ursache wissen...
- Können Sie mir diese eine negative Erfahrung noch etwas genauer schildern...
- Sie haben mir da etwas Interessantes gesagt, zu dem ich gerne noch mehr erfahren möchte...

Fragen zur Gewinnung von Mehrinformationen

Wie zuvor schon betont, ist das Nachfragen eine wichtige Form der professionellen Interviewführung, welche wichtige Details vertieft, einen Sachverhalt vervollständigt und objektiviert und den Bewerber dazu bringt, einen gewissen Themenbereich konkreter, klarer, detaillierter zu beantworten. Nachfolgend die unterschiedlichen Techniken, um dieses Ziel zu erreichen:

Technik der Klärung

Eine Antwort ist unklar, unvollständig oder sie kann nicht korrekt interpretiert werden.

Beispiel: Ich habe immer den Eindruck gehabt, dass die Vorgesetzten meine initiative Art des Arbeitens als störend empfanden.

Interviewer-Nachfassfrage: *Wie hat sich denn Ihre Initiative bemerkbar gemacht und wie hat sich dieses "Stören" gezeigt?*

Technik der Klarstellung von Widersprüchen

Eine Antwort steht im Widerspruch zu einer vorherigen Aussage oder zu einer Information aus den Bewerbungsunterlagen.

Beispiel: *Dieser Stress war dann der Grund, die Ausbildung abzubrechen.*

Interviewer-Nachfassfrage: *Das verunsichert mich jetzt ein wenig, da ich aus Ihrem Lebenslauf in Erinnerung habe, dass der Ausbildungsstoff Sie zum Abbruch bewog?*

Technik der Wiederholung

Deutliches, hartnäckiges Nachhaken, damit eine bereits gestellte, aber ignorierte oder mangelhaft beantwortete Frage doch noch beantwortet wird.

Beispiel: *Es waren vor allem die Aufgaben, die mir überhaupt nicht zusagten – das Arbeitsklima und der schlechte Lohn waren auch Gründe.*

Interviewer-Nachfassfrage: *Ach so, das kam dazu, aber dennoch interessieren mich vor allem die Aufgaben, die Ihnen nicht gefielen.*

Technik der interpretierenden Verstärkung

Man gibt ein Feedback, wie man die Antwort verstanden hat und ob diese Interpretation richtig ist.

Beispiel: *Ich brachte in diesem Projekt sehr viel ein und hatte eine Menge Ideen, die realisiert wurden, doch am Ende brachte mir dies gar nichts – weder eine Lohnerhöhung noch eine Anerkennung.*

Interviewer-Nachfassfrage: *Sie hatten also das Gefühl, dass man Ihr Engagement nicht würdigte oder nicht einmal zur Kenntnis nahm?*

Technik der Erweiterung

Es werden neue Informationen nachgefragt, die auf den bereits gegebenen beruhen.

Beispiel: *Die Anzeichen, dass meine Arbeit nicht mehr geschätzt wurde, häuften sich.*

Interviewer-Nachfassfrage: *Welche Anzeichen waren dies denn?*

Technik der neutralen Reaktion

Ein Nachhaken des Interviewers, um noch mehr Informationen zu gewinnen, ohne aber mit der Art der Frage Einfluss zu nehmen.

Beispiel: *Dieser Job wurde mir damals in den schillerndsten Farben geschildert. Doch die Realität sah dann ganz anders aus.*

Interviewer-Nachfassfrage: *Könnten Sie erklären, wie Sie dies meinen?*

Nicht den Gesprächsinhalten, sondern der Beziehung der Gesprächspartner und der Art und Weise der Gesprächsführung muss besondere Aufmerksamkeit geschenkt werden. Alle verbalen und nonverbalen Eindrücke der ersten 5 Minuten des Kennenlernens tragen zu den später schwer veränderlichen Konturen eines Beziehungsbildes bei. Somit sollte diese erste Phase ruhig und stressfrei verlaufen, um eine objektive Beurteilung zu ermöglichen.

Die Interviewfragen im Ablauf

1. Persönliche Daten und Faktoren des Werdegangs

Sie haben sehr gute Schulnoten in den sprachlichen Fächern. Wie sah denn Ihre Ausbildung nach dem Abschluss der Schule aus?

Diese Frage gibt Ihnen Gelegenheit, Lebenslauflücken zu klären, das Gedächtnis zu prüfen und die Ausbildungsaktivitäten ganz allgemein.

Was sagt Ihre Frau/Lebenspartnerin/was sagen Ihre Kinder dazu, dass Sie ca. 80 Tage im Jahr auf Reisen sein werden?

Mit dieser Frage erhalten Sie Informationen zum familiären Umfeld und allfällige sich daraus ergebende Probleme.

Arbeiten Ihre Eltern noch und wenn ja, in welchen Berufen? Haben Sie Geschwister? In welchen Berufen? Ist Ihre Frau berufstätig?

Damit kann man familiäre Affinitäten zu Branchen und Tätigkeitsbereichen herausfinden.

2. Der persönliche Hintergrund

Sagen Sie mir bitte etwas über sich selbst, wer Sie sind, was Sie interessiert und was für Sie wichtig ist.

In vielen Vorstellungsgesprächen ist dies die Eröffnung, die den Bewerber dazu bringt, sich uneingeengt und frei über sich zu äussern und die Atmosphäre aufzulockern. Für Sie ist es eine gute Möglichkeit, den Kandidaten ganzheitlich kennen zu lernen und zu erfahren, welches seine Einschätzung, Wertvorstellungen und seine Prioritäten sind.

Was sagt Ihre Familie zu Ihrem geplanten Stellenwechsel?

Dieser Aspekt ist nicht zu unterschätzen. Nun ist allerdings auch bei allfälligen Problemen hier nicht unbedingt der effektive Sachverhalt zu erfahren, aber ein aufmerksamer Interviewer kann aus einer nonverbalen Beobachtung und der Art und Weise der Antwort dennoch allfällige Probleme heraushören.

Haben Sie Hobbys, welche auch berufliche Berührungspunkte haben?

Hier können Sie erfahren, wie aktiv und dynamisch er sich in seiner Freizeit verhält und welchen Stellenwert sie überhaupt einnimmt.

Wie charakterisieren Sie sich selbst?

Diese Frage zielt auf das Selbstbild ab. Liegt ein realistisches Selbstbild vor oder neigt der Antwortende zu Übertreibungen? Ist auch die

Fähigkeit zur Selbstkritik vorhanden, ist es eine ausgewogene Antwort, die eine gewisse Bandbreite von Charaktereigenschaften umfasst?

Was glauben Sie, wie andere Sie einschätzen?

Hier geht es um das Fremdbild des Bewerbers. Interessant sind hier Übereinstimmungen zur vorangegangenen Antwort. Inwiefern stimmt die Selbsteinschätzung mit der Ihrigen überein, wie realistisch fällt die Antwort aus und von welcher Fähigkeit zur Selbstkritik zeugt sie? Diese Antwort sagt auch viel zum Selbstvertrauen und zur Teamfähigkeit aus.

Wie kommen Sie mit Kritik zurecht – wie reagieren Sie, wenn Sie sich unrecht behandelt fühlen?

Diese recht heikle Frage sagt etwas zur Kritikfähigkeit aus. Hier soll eine ausgewogene Antwort folgen, die etwa in der Art ausfallen kann: "Kritik nehme ich gerne an, wenn sie sachbezogen, also nicht persönlich ist, da ich davon immer etwas lernen kann. Fühle ich mich ungerecht behandelt, sage ich das ganz offen und direkt und kläre den Sachverhalt, ohne deshalb aber gleich zu explodieren."

3. Initiative zur Bewerbung

Was hat Sie an unserem Inserat besonders angesprochen?

Diese Antwort verrät, wie intensiv sich der Bewerber mit der ausgeschriebenen Stelle auseinander gesetzt und wie sehr er sich auf das Interview vorbereitet hat. Zugleich erfährt man die ein bis zwei Punkte der dort beschriebenen Aufgaben, die auf besonderes Interesse gestossen sind.

Es würde uns interessieren, was Sie zur Bewerbung bewogen hat.

Aus den Bewerbungsunterlagen kennen Sie die aktuelle Situation des Bewerbers. Aus der Antwort erkennen Sie, ob der Kandidat klare individuelle Vorstellungen und Erwartungen hat oder ob eher undifferenziert geantwortet wird.

Was ist der Grund, weshalb Sie gerade bei uns gerne arbeiten würden?

Die häufigste Antwort: Weil die von Ihnen ausgeschriebene Stelle meinen Fähigkeiten am meisten entspricht. Gut ist es, wenn der Kandidat spezifisch antwortet, weniger gut, wenn Begründungen wie ein kurzer Arbeitsweg an erster Stelle stehen.

Weshalb hat gerade unsere Stelle Ihre Aufmerksamkeit gefunden?

Ist es der Titel, sind es die Zukunftsperspektiven oder ist es die beschriebene Aufgabenstellung? Ist es vielleicht der Reiz, sich einer neuen Herausforderung zu stellen oder Verantwortung zu übernehmen? Hier bringen Sie Motivationsinformationen in Erfahrung und erkennen, wie intensiv sich der Kandidat mit der Stelle auseinander gesetzt hat.

Warum würden Sie gerne bei uns arbeiten?

Achten Sie auf die Betonung von "warum" oder "uns". Sie erfahren entweder etwas über die allgemeinen Gründe oder besonders jene, die für Ihr Unternehmen sprechen. Auch hier: Je spezifischer, individueller und klarer die Gründe, desto besser.

4. Verhältnis zum vorherigen Arbeitgeber

In welcher Erinnerung haben Sie Ihren letzten Arbeitgeber/Chef?

Viele Bewerber sind auf diese Frage vorbereitet und antworten meistens entsprechend neutral und objektiv. Umso differenzierter und individueller die Antwort ist – in positiven und negativen Aussagen -, desto glaubwürdiger ist sie. Nachfragen wie z.B. "Wie meinen Sie das genau?" oder "Können Sie mir ein Beispiel oder einen Vorfall nennen?" helfen weiter. Lassen Sie sich negative oder positive Aussagen näher umschreiben. Die positive oder negative Grundhaltung und das Menschenbild eines Bewerbers lassen sich hier recht gut beurteilen.

Was meinen Sie, was Ihr ehemaliger Chef jetzt über Sie berichten würde, wenn ich ihn anrufen würde?

Bei "gutem Gewissen" werden nach kurzer Überlegung Antworten kommen, die Zuverlässigkeit, Engagement und spezielle Fähigkeiten betreffen. Kommt die Antwort zu schnell, ist sie vorbereitet und verliert allenfalls an Glaubwürdigkeit. Beobachten Sie Änderungen im Verhalten; Sie können darauf hinweisen, dass etwas nicht zum Besten steht.

Was meinen Sie: Würde Ihr jetziger Chef Sie wieder einstellen?

Hier zeigt sich, ob ein gutes oder problematisches Verhältnis bestand. Stellen Sie diese Frage mit Geschick und Einfühlungsvermögen, da Sie auf den Bewerber belastend wirken kann.

Was hat den Ausschlag für Ihre Kündigung gegeben – warum haben Sie Ihre letzte Stelle gekündigt?

Schlechtes Arbeitsklima oder das bessere Angebot? Wenn es die Situation war, was war unbefriedigend? Ziehen Sie Rückschlüsse auf die Situation in Ihrem Unternehmen. Wenn es das bessere Angebot ist, welche konkreten Punkte kann Ihr Unternehmen bieten?

Erzählen Sie mir doch bitte etwas über Ihre jetzige Arbeit, wie sieht ein typischer Arbeitstag zurzeit bei Ihnen aus?

Diese Antwort gibt interessante Hintergrundinformationen zu Fähigkeiten und Qualifikationen und inwiefern sich diese mit den Angaben in den Bewerbungsunterlagen decken. Sind die Ausführungen schlüssig, wie organisiert und geplant geht man die Aufgaben an, wie weitreichend sind Kompetenzen und inwiefern sind sie an der jetzigen Arbeitsstelle verwertbar?

Welche Verbesserungen sind Ihnen bei einem Stellenwechsel besonders wichtig?

Mit dieser Frage gewinnen Sie Informationen, welche Prioritäten der Kandidat für seine berufliche und persönliche Situation stellt und welches seine Hauptmotive sind. Ist es Geld, weniger Stress, nur der Arbeitsweg - oder positiv – mehr Verantwortung, das Suchen nach einer neuen Herausforderung, die Möglichkeit, bei Ihnen mehr lernen zu können, usw.

5. Fragen zum Lebenslauf

Welches sind die wichtigsten Stationen in Ihrem Lebenslauf?

Knüpfen Sie eventuell an ein für Sie besonders interessantes Ereignis oder zu klärendes Element im Lebenslauf aus den Bewerbungsunterlagen an. Mit dieser Frage beurteilen Sie das Sprachvermögen, die Ausdrucksweise und die Redegewandtheit des Kandidaten. Achten Sie auch darauf, ob die Antwort ausschweifend ist und sich in Details verliert oder sich auf das Wesentliche und Relevante konzentriert. Charakterliche Aspekte kommen hier sehr gut zum Vorschein, z.B. welche Prioritäten der Bewerber hat.

Zwischen Ihrem Zeugnis vom ... und Ihren Angaben im Lebenslauf glaube ich einen Widerspruch zu sehen, den ich gerne mit Ihnen klären möchte.

Widersprüche zwischen Lebenslauf, Zeugnissen und Interviewaussagen sollten sofort und offen als diese deklariert, angegangen und ausgesprochen werden. Mit dieser diplomatischen Fragestellung lassen

Sie dem Bewerber genug Spielraum, den Sachverhalt objektiv und ohne Gesichtsverlust zu klären.

Uns interessieren die Gründe für die lange Ferien-, Weiterbildungszeit (und andere Lücken). Können Sie uns dazu etwas sagen?
Wie konkret und selbstsicher antwortet der Kandidat? Sind es plausible, nachvollziehbare und mit anderen Daten und Aussagen übereinstimmende Informationen? Hier können auch persönliche Aspekte oder Probleme zur Sprache kommen, über deren Art Sie informiert werden, was aber auch als Offenheit und Ehrlichkeit interpretiert werden kann.

Es ist mir aufgefallen, dass Sie Ihre Arbeitsstelle häufig gewechselt haben – welches sind die Gründe dafür?
Hier kennen Sie aus den Zeugnissen und dem Lebenslauf zumindest ansatzweise die Gründe. Sind es Entlassungen aus wirtschaftlichen Gründen, sollten Sie mit dieser Frage zurückhaltend sein. Ist es das Sammeln von Erfahrungen und das Ausüben verschiedener Aufgaben und Tätigkeiten, kann dies positiv bewertet werden. Sind es aber permanente Unzufriedenheiten, schlechte Erfahrungen und Klagen als Antworten, ist Vorsicht geboten.

Sie haben im Jahre 20XY Ihren Beruf gewechselt – was hat Sie dazu veranlasst?
Die Gründe dafür können von Veränderungen auf dem Arbeitsmarkt und den Arbeitschancen im angestammten Bereich bis zu gesundheitlichen Gründen oder Veränderungen in der Persönlichkeitsentwicklung reichen. Achten Sie darauf, wie überzeugend und für Ihre ausgeschriebene Stelle vorteilhaft die Begründungen ausfallen.

Warum haben Sie Ihre Ausbildung im Jahre 19XY abgebrochen?
Die Gründe dafür können ebenfalls sehr unterschiedlich sein. Die Antworten darauf sind aber aufschlussreich, weil Sie erkennen können, wie durchdacht, ausgereift und begründet einschneidende Entscheidungen der Kandidat trifft. Dies kann sehr wohl ein wichtiges Kriterium für die Erfüllung der Aufgaben an Ihrer Stelle sein.

6. Fachliche Anforderung

Aus Ihren Unterlagen ist ersichtlich, dass Sie folgende Aufgaben ausführten. Können Sie mir umschreiben, was da alles dazugehörte?
Diese Antwort zeigt Ihnen detaillierter, in welchen Bereichen der Kandidat praktische Erfahrungen hat und inwiefern er sich überlegt, dass diese mit der von Ihnen ausgeschriebenen Stelle entsprechen.

Auf welche Leistungen waren Sie bei Ihrer vorherigen Stelle besonders stolz?

Hat sich der Bewerber jemals Gedanken über sein Leistungsvermögen gemacht – und welche Leistungen sind es, die auch für die von Ihnen ausgeschriebene Stelle von Interesse sind? Beobachten Sie auch die Art und Weise, wie diese geschildert werden, objektiv, begeisterungsfähig, passiv oder überzeugend?

Probleme gehören zum Berufsalltag. Beschreiben Sie mir doch bitte ein Problem bei Ihrem vorherigen Arbeitsort und schildern Sie mir, wie Sie damit umgegangen sind.

In welcher Grössenordnung bewegt sich das Problem, welches stellte überhaupt eines dar? Dies ist eine geschickte Frage, um die Belastbarkeit und die Stressbedingungen in Erfahrung zu bringen – war es das fehlende Büromaterial oder der Ausfall einer EDV-Anlage? Interessant ist auch der Hinweis, wie das Problem angegangen und gelöst wurde.

An jeder Stelle kommt man weiter und lernt etwas dazu. Was haben Sie bei Ihren vorherigen Stellen am meisten gelernt?

Weniger gut ist es, wenn der Kandidat hier nichts zu antworten weiss. Gut ist es, wenn er gleich mehrere konkrete Beispiele nennen kann, und noch besser, wenn es solche sind, die auch in Ihrer Stelle eingesetzt werden können und von Bedeutung sind.

Nennen Sie uns doch einige Aufgaben, die Ihnen schwer gefallen sind oder die Sie belastet haben.

Hier ist es interessant zu erfahren, wie ehrlich und offen geantwortet wird. Sind es Banalitäten oder Probleme, die zeigen, dass der Kandidat sich darüber Gedanken gemacht und etwas dagegen unternommen hat? Sind es Probleme, die auch bei Ihrer Stelle häufig auftreten oder eine grosse Rolle spielen könnten?

Initiative ist bei jeder Stelle, auch bei unserer, wichtig. Nennen Sie mir doch ein, zwei Beispiele von Initiativen, die Sie an Ihrem letzten Arbeitsplatz ergriffen haben.

Weiss der Bewerber überhaupt zu antworten? War es das Auswechseln von Hängemappen oder eine für das Unternehmen bedeutende Innovation? Und auch hier gilt: ist diese Art von Initiative für Ihr Unternehmen allenfalls von Interesse, entspricht es der Aufgabe und den Anforderungen?

Welche berufsbezogenen Fachzeitschriften oder Fachbücher lesen Sie?

Diese Antwort zeigt nicht nur, ob, sondern auch wie – zum Beispiel punkto Ansprüche, Niveau – sich der Bewerber auf seinem Gebiet informiert. Eine in diesem Punkt positiv ausfallende Antwort zeugt von Engagement und Lernbereitschaft und einem hohen Identifikationsgrad mit dem Fachwissen.

Welche fachlichen Qualifikationen besitzen Sie, die Sie zur Ausübung dieser Position befähigen?

Damit wird die Selbsteinschätzung angesprochen. Kann der Bewerber das Wesentliche vom Unwesentlichen unterscheiden, versteht er es, die Antwort auf die Stelle und die Aufgaben ausgerichtet zu geben? Ist Bescheidenheit, Glaubwürdigkeit und eventuell sogar eine Portion Eigenkritik oder Einschränkung aus der Antwort ersichtlich, oder zeigt er sich als "Allrounder-Genie", auf das Sie nicht verzichten können?

Mal angenommen, Sie müssten bei uns einen neuen PC anschaffen. Welche Ausstattung sollte er für Ihren Aufgabenbereich haben?

Es gibt (nur noch) wenige Stellen, bei denen eine solche Frage irrelevant ist. Die Antwort zeigt Ihnen sonst auf elegante Art, wie es um die PC-Kenntnisse Ihres Kandidaten steht und wie er sich mit den Aufgaben auseinander gesetzt hat. Wird nur eine Maus und ein Monitor genannt oder z.B. auch die Leistungsfähigkeit, die Software und die Anforderungen an den Drucker und die eventuelle Notwendigkeit eines Scanners?

7. Berufliche Entwicklung und Weiterbildung

Was würden Sie in fünf Jahren gerne tun?

Bei dieser Frage erfährt man mehr zum Ehrgeiz des Bewerbers und ob er eine langfristige Zielsetzung hat und von welcher Art diese ist, zum Beispiel karriere- oder fachbezogen. Achten Sie darauf, ob die Zielsetzungen realistisch sind und ob sie sich in groben Zügen mit der angebotenen Stelle vereinbaren lassen.

Welche Ihrer Fähigkeiten und beruflichen Qualifikationen möchten Sie verbessern?

Dies ist einerseits ein indirekter Weg, mehr über die Schwächen und Lücken zu erfahren, andererseits aber auch ein Hinweis, wie motiviert und zielstrebig ein Bewerber puncto Weiterentwicklung überhaupt ist. Achten Sie auch hier darauf, inwiefern sich die Verbesserungsvorschläge mit der Relevanz der angebotenen Stelle decken.

Was schätzten Sie an Ihren Vorgesetzten besonders und in welchen Punkten hatten Sie spezielle Probleme?

Hier ist es interessant zu erfahren, wie ehrlich und offen geantwortet wird. Interessant sind die Ausgewogenheit der positiven und negativen Schilderungen, die Sensibilität und Empfindlichkeiten in diesen Erfahrungen und das Niveau resp. die Relevanz der Beispiele (Banalitäten wie Ordnung oder verschiedene Meinungen zu geschäftlichen Projekten oder Zielen).

Unser Unternehmen bietet folgende Weiterbildungsmöglichkeiten ... Welche wären für Sie am interessantesten?

Wie gut kann der Bewerber seine Defizite in Bezug auf die Anforderungen an Ihre Stelle in Zusammenhang bringen und wie ehrlich und qualifiziert fällt die Antwort aus?

An welchen zwei bis drei Punkten meinen Sie, müssten Sie am ehesten noch an sich arbeiten, um die Aufgaben unserer Stelle optimal zu erfüllen?

Diese konkret gestellte Frage sollte auch entsprechend substanzielle Antworten bewirken. Es ist eine faire Frage, die den Bewerber nicht in Verlegenheit bringt. Damit erkennen Sie auch, wie es generell um die Motivation zur Weiterbildungsbereitschaft bestellt ist, wie selbstkritisch der Bewerber überhaupt ist und ob er die Stellenanforderungen verstanden hat.

Weshalb haben Sie sich für diesen Beruf entschieden?

Mit dieser Frage erfährt man einiges zu Motivation und Engagement und wie ausgeprägt Neigungen und Fähigkeiten schon in jüngeren Jahren waren. Waren es eher Prestige- oder Verdienstfaktoren, ein Interesse an der Sache oder eine Herausforderung im Hinblick auf Überzeugungen und Begabungen?

Wie halten Sie sich über fachliche Entwicklungen auf dem Laufenden?

Die Frage gibt Aufschluss über die konkreten Aktivitäten, das Ausmass und das Niveau der permanenten Bereitschaft zur Weiterbildung und Information über das Fachgebiet. Zudem sagt es auch einiges zur Motivation und Persönlichkeitsdynamik überhaupt aus.

Welches sind die für Sie wichtigen Kriterien für die Wahl einer Aus- oder Weiterbildung?

Damit lernen Sie die Selbsteinschätzung, die Fähigkeit zur Eigenbeurteilung, das Interesse und die Bereitschaft zur Aus- und Weiterbildung überhaupt kennen. Interessant ist eine Antwort, welche die Erfordernisse der von Ihnen gebotenen Stelle miteinbezieht.

Was haben Sie in Ihren bisherigen Tätigkeiten und Stellen am meisten gelernt?

Hier sollte eine realistische Selbsteinschätzung folgen. Die Antwort verrät auch, wo der Bewerber heute steht und was er erreicht hat und ob er sich dessen auch bewusst ist. Werden die Kompetenzen überzeugend auf den Punkt gebracht, lässt sich eine durchdachte berufliche Laufbahn daraus ableiten? Achten Sie auf die Übereinstimmungen und Erfordernisse mit der von Ihnen angebotenen Stelle.

Welche neuen Trends und Entwicklungen halten Sie in Ihrem Fachgebiet für besonders wichtig?

Wie intensiv setzt sich der Bewerber mit seinem Fachgebiet auseinander, welche Rückschlüsse lässt die Antwort auf die Qualifikation als Ganzes zu, und macht er sich auch über die Zukunft seines Tätigkeitsgebietes Gedanken?

Welche Erwartungen an Weiterbildungsaktivitäten hätten Sie bei der von uns angebotenen Stelle?

Diese Frage ist unter Umständen nicht ganz einfach zu beantworten. Gelingt dies aber mindestens ansatzweise, zeigt es, dass der Bewerber sich schon recht intensiv mit der Stelle auseinander gesetzt hat und die Schwerpunkte und Hauptanforderungen auch schon schnell erfasst und kritisch mit seinem Ausbildungsstand verglichen hat.

In welchen Bereichen würden Sie eine auf unsere Stelle bezogene Weiterbildung am ehesten begrüssen?

Ähnlich wie oben: Bei einer mehr oder weniger konkreten Antwort deutet dies darauf hin, dass Schwerpunkte und Hauptanforderungen auch schon schnell erfasst und kritisch mit dem Ausbildungsstand verglichen worden sind.

8. Praktische Berufserfahrung

Wie haben Sie bisher Ihre fachlichen Fähigkeiten und Überzeugungen eingebracht und umgesetzt?

Hier ist es interessant zu erfahren, wie ehrlich und offen geantwortet wird. Sind es Banalitäten oder Probleme, die zeigen, dass der Kandidat sich darüber Gedanken gemacht und etwas dagegen unternommen hat? Sind es Probleme, die auch bei Ihrer Stelle häufig auftreten oder eine grosse Rolle spielen könnten?

Für welche Aufgaben können Sie sich besonders begeistern?

Ist der Bewerber überhaupt in der Lage, eine Antwort zu geben? Wie engagiert und motiviert tut er dies? Achten Sie auch darauf, ob es Aufgaben und Herausforderungen sind, die mit der von Ihnen ausgeschriebenen Stelle vergleichbar sind.

In welchen Bereichen würden Sie eine auf unsere Stelle bezogene Weiterbildung am ehesten begrüssen?

Ähnlich wie oben: Bei einer mehr oder weniger konkreten Antwort deutet dies darauf hin, dass Schwerpunkte und Hauptanforderungen auch schon schnell erfasst und kritisch mit dem Ausbildungsstand verglichen worden sind.

Fühlten Sie sich in Ihren beruflichen Leistungen von Ihren Vorgesetzten bisher angemessen und fair beurteilt?

Hier erfahren Sie mehr zum Thema Leistungsbeurteilung. Negativ zu werten ist, wenn der Bewerber hier über andere herzieht und sich als unverstandenes Genie sieht. Gut zu werten sind eine Mischung verschiedener Erfahrungen, gewisse selbstkritische Bemerkungen und eine grundsätzlich konstruktive Antwort. Vorsicht bei Bewerbern, die sich bei einer solchen Frage provozieren lassen.

In Ihrem Fachgebiet macht zurzeit ja die <Beispiel> besonders von sich reden – was ist Ihre Meinung dazu?

Je nach Fachgebiet erfahren Sie hier, wie sehr der Interviewpartner auf dem Laufenden und wie gut er informiert ist. Hat er eine eigene, möglicherweise auch kritische Meinung, wie kompetent und auf welchem Niveau fällt seine Antwort aus? Es kann sich je nach Stelle um neue Technologien, neue Trends, ein Arbeitsinstrument oder Meinungen von Fachleuten oder Exponenten handeln.

9. Fragen zur Arbeitseinstellung und Motivation

Was ist Ihnen wichtiger – Zufriedenheit im Beruf oder berufliches Weiterkommen?

Diese Antwort gibt Aufschluss zu Ehrgeiz und Arbeitsmotivation. Zufriedenheit als nur ein Aspekt deutet auf weniger ausgeprägten Ehrgeiz hin. Zufriedenheit ist Voraussetzung für das berufliche Weiterkommen und Motor für die Leistungsbereitschaft, also deutet eine Antwort, die beide Alternativen in gegenseitiger Abhängigkeit einbezieht, auf eine gute Übereinstimmung und eine gute Arbeitsmoral hin.

Worauf legen Sie im Berufsleben persönlich besonderen Wert?

Damit kann man Interessantes zu persönlichen Wertvorstellungen und Vorlieben sowie Rückschlüsse zum Verhalten am Arbeitsplatz erfahren. Von Interesse ist dabei die Übereinstimmung der relevanten Eigenschaften mit den wichtigen Punkten des Anforderungsprofils und inwiefern die Wertvorstellungen des Bewerbers mit denen des Unternehmens übereinstimmen.

Was macht Ihrer Meinung nach gute Teamarbeit aus?

Teamarbeit nimmt bei den meisten Stellen einen wichtigen Platz ein. Mit dieser Frage bringt man in Erfahrung, ob die Grundeinstellung zur Teamarbeit positiv ist und ob und welche Erfahrungen man damit gemacht hat. Achten Sie bei den Erfahrungen auf die Übereinstimmung und Relevanz mit den Anforderungen der von Ihnen ausgeschriebenen Stelle.

Was bedeutet für Sie Erfolg?

Damit erfährt man, was den Bewerber zur Arbeit motiviert. Das Spektrum der Antworten kann vom reinen "Pflichterfüller" über den erfolgsorientierten Mitarbeiter mit gesundem Ehrgeiz bis zum egozentrischen Karrieristen reichen, der allenfalls nur materiell motiviert ist. Die Frage nach konkreten Erfolgserlebnissen kann Aufschluss über die Glaubwürdigkeit der genannten Einstellung geben.

Was möchten Sie in Zukunft erreichen – wo möchten Sie in fünf Jahren stehen?

Damit werden der berufliche Ehrgeiz und die Motivation ausgelotet. Sind die Vorstellungen des Bewerbers realistisch, passen die Persönlichkeitsmerkmale zu den Zielen? Die Antwort auf die mittel- und längerfristigen Ziele ist eher anspruchsvoll, deutet aber bei konkreten Vorstellungen auf beruflichen Ehrgeiz und einen guten Stellenwert des Berufes hin, mit dessen Aspekten sich der Bewerber aktiv auseinandersetzt.

Erzählen Sie mir doch etwas von einer schwierigen Situation an Ihrem letzten Arbeitsplatz und wie Sie damit umgegangen sind.

Mit dieser auf das Verhalten, die Konfliktfähigkeit und die Belastbarkeit abzielenden Frage kann man meistens auf das künftige Verhalten schliessen. Es ist eine schwierige Frage, die aber viel verrät, zum Beispiel auch, was überhaupt als eine schwierige Situation empfunden wird (von der Kantine mit schlechtem Kaffee bis zu einem Umfeld, welches wenig Eigeninitiative oder Entfaltung im beruflichen Weiterkommen zuliess).

10. Gehaltserwartungen

Was wäre Ihrer Meinung nach ein angemessenes Gehalt für diese Aufgabe/Position?

Diese Frage sollte eine sympathische Geste an den Bewerber sein. Er kann eine Lohnvorstellung nennen, ohne seine Verhandlungsbereitschaft aufzugeben. Die Antwort liefert Ihnen Informationen, wie realistisch die Lohnvorstellungen sind und ob sie sich mit dem Ihnen zur Verfügung stehenden Budget decken.

Was würden Sie in dieser Aufgabe/Position gerne verdienen?

Diese Frage ist schon wesentlich konkreter, denn Sie verbindet Person und Position. Hier geht es darum, den groben Rahmen der Übereinstimmung abzustecken. Die zweite Frage geht auf das untere Limit.

Was verdienen Sie in Ihrer jetzigen Position?

Mit dieser Frage wissen Sie schnell und präzis, in welchem Einkommensrahmen sich Ihr Gesprächspartner bewegt. Die Frage ist ein weiterer Hinweis, ob Ihre Vorstellungen und die des Bewerbers nicht zu weit auseinander gehen.

Nennen Sie uns bitte Ihre Lohnvorstellungen.

Mit einer solchen Frage wird in Erfahrung gebracht, ob der Bewerber seine Qualifikation und Qualitäten richtig einschätzen kann und/oder die Lohnerwartung marktgerecht ist. Unter Umständen ist dieses direkte Ansprechen der Lohnerwartung das beste Vorgehen, da allfällige Abweichungen dann auch ebenso offen geklärt werden können.

Welchen Lohn müssten wir Ihnen mindestens bieten?

Bei dieser Frage sollte geklärt sein, welche Leistungen Sie sonst noch bieten. Sind Sonderleistungen (Firmenauto, Prämie) mit der aktuellen Stelle identisch, erfahren Sie, über welches Gehalt Sie verhandeln können, wenn Sie den Kandidaten als Mitarbeiter gewinnen wollen.

Fragenbeispiele an Führungskraft

In diesem Zusammenhang ist auch als "Einstimmung" auf die nachfolgenden Interviewfragen eine Untersuchung der amerikanischen Beratungs- und Personalvermittlungsfirma Spencer Stuart von Interesse, welche in einer breit angelegten Untersuchung und Beobachtung die Persönlichkeitsmerkmale von hervorragendsten Führungskräften untersuchte.

Diese 10 gemeinsamen Persönlichkeitsmerkmale können in der Interpretation und Art von Bewerberantworten, den emotionalen Äusserungen und der Art von Fragen durchaus miteinbezogen werden, es handelt sich um folgende Top-10 Persönlichkeitsmerkmale:

Top-10 Persönlichkeitsmerkmale:

1. Leidenschaft und Engagement für Arbeit und Unternehmen
2. Intelligenz und Klarheit des Denkens
3. Hervorragende Kommunikationsfähigkeiten
4. Hohes Energieniveau
5. Ein beherrschtes Ego
6. Innere Zufriedenheit und Ausgeglichenheit
7. Wegweisende und prägende Lebenserfahrungen
8. Ausgeglichenes und harmonisches Familienleben
9. Positive Grundhaltung und Lebenseinstellung
10. Konzentration auf "doing the right things"

Mit welchen Erfolgen oder Projekten waren Sie in Ihrer bisherigen Tätigkeit besonders zufrieden – wie haben Sie die Ziele erreicht?

Hier erfährt man, ob der Bewerber in der Lage ist, Erfolge überhaupt zu nennen, und mit welchem emotionalen Engagement er dies tut. Die Art und Weise, wie die Ziele erreicht wurden, resp. wie dies geschildert wird, sagt viel über die Systematik, das Ausdrucksvermögen und die Energie des Bewerbers aus.

Wie sind Sie dabei mit Problemen umgegangen?

Die Bereitschaft, überhaupt Probleme zu erkennen, resp. diese zu nennen, ist positiv zu werten. Wird auf diesen Punkt nur am Rande und unspezifiziert eingegangen, kann es ein Hinweis sein, dass der Bewerber dazu neigt, Probleme und Konflikte zu verdrängen.

Wie wichtig ist für Sie die Motivation von Mitarbeitern – und können Sie uns ein Beispiel nennen, wo Ihnen das besonders gut gelungen ist?

Eine Frage, die natürlich bei Führungskräften von Bedeutung ist. Wird dies nur im finanziellen Rahmen und bei ausserordentlichen Leistungen gesehen oder steht regelmässige Anerkennung und das Eingehen auf Bedürfnisse und Charaktere der Mitarbeiter im Vordergrund? Achten Sie auch darauf, wie konkret, charakteristisch und spontan das Beispiel genannt und umschrieben wird.

Wo sehen Sie die Stärken Ihrer Persönlichkeit?

Ist man sich diesen schnell und konkret bewusst, ist dies ein gutes Zeichen für ein gesundes Selbstvertrauen. Positiv zu werten ist, wenn dabei im Interesse der Ausgewogenheit und Selbstkritik auch die Schwächen zur Sprache kommen. Kann sich der Bewerber gut einschätzen, hat er Vertrauen in seine eigenen Fähigkeiten?

Wo sehen Sie die Grenzen des Einflusses Ihres Berufes auf das Privatleben oder Wie definieren Sie das Verhältnis zwischen Arbeit und Privatleben?

Man muss hier natürlich damit rechnen, dass die Frage zugunsten der Arbeit ausfällt. Es zeugt aber von Ehrlichkeit, wenn die Grenzen klar definiert werden können und auch die Freizeit ihren Stellenwert hat. Hier bekommt man indirekt allenfalls auch Hinweise zur Art und zum Stellenwert des Privatlebens.

Welche Herausforderungen gab es in Ihrem bisherigen Leben und wie sind Sie damit umgegangen?

Wird bei dieser Antwort eher auf positive oder negative Herausforderungen eingegangen? Achten Sie darauf, ob der Bewerber Herausforderungen eher vermieden hat und Belastungen aus dem Weg gegangen ist. Besonders aufschlussreich ist die Art und Weise des Umgangs mit Herausforderungen, denn hier erfährt man einiges über die Grundhaltung und charakterliche Anlage und das sprachliche Ausdrucksvermögen.

Formular für Interviewfragen-Zusammenstellung

Formular für die individuelle Zusammenstellung der vorangegangenen Interviewfragen. Ergänzen Sie diese Tabelle mit eigenen Fragen, bei denen Sie gute Erfahrungen gemacht haben oder die für Ihre Firma spezifische Bedeutung haben.

1. <Ihre Frage aus dem Interviewfragen Katalog>

□ gute Antwort	□ zufriedenstellend	□ schlecht	□ zweifelhaft

Bemerkung:

2. <Ihre Frage aus dem Interviewfragen Katalog>

□ gute Antwort	□ zufriedenstellend	□ schlecht	□ zweifelhaft

Bemerkung:

3. <Ihre Frage aus dem Interviewfragen Katalog>

□ gute Antwort	□ zufriedenstellend	□ schlecht	□ zweifelhaft

Bemerkung:

4. <Ihre Frage aus dem Interviewfragen Katalog>

□ gute Antwort	□ zufriedenstellend	□ schlecht	□ zweifelhaft

Bemerkung:

5. <Ihre Frage aus dem Interviewfragen Katalog>

□ gute Antwort	□ zufriedenstellend	□ schlecht	□ zweifelhaft

Bemerkung:

Kandidatenanalyse

Die Auswertung des Interviews

Notieren Sie sich während des Gesprächs wichtige Antworten des Bewerbers an den Rand Ihrer Frageliste oder auf eine Checkliste. Auch zu empfehlen ist ein stichwortartiges, allenfalls strukturiertes und die Kernpunkte des Anforderungsprofils enthaltendes Gesprächsprotokoll, welches

• die Gesamtanalyse und -auswertung erleichtert
• Vergleiche mit anderen Bewerbern ermöglicht
• bei Bedarf Drittpersonen informiert

Neben der Auswertung der notierten Aussagen des Bewerbers ist es wichtig, auch das Charakteristische der Persönlichkeit, also Eindrücke und Informationen zu den Sozialkompetenzen zu erfassen:

• Wie drückt sich der Bewerber aus? (Stimmlage, Sprachfluss, Artikulation, Eigenheiten)
• Wie bewegt er sich? (Mimik, Gestik, Haltung)
• Wie steht es um das äussere Erscheinungsbild? (Gepflegtheit, Körperform, Gesicht)
• Wie ist sein Sozialverhalten? (konventionell, eigenwillig, spontan, höflich, ungehobelt...)
• Wie gut zuhören kann er und selbstkritisch ist er?

Erfahrungen aus der Praxis der Personalarbeit zeigen, dass ein Bewerber einen fragwürdigen Eindruck hinterlässt, wenn er

• desinteressiert ist und unkonzentriert wirkt
• keine Fragen stellt oder keine Details erfahren möchte
• über frühere Stellen und Vorgesetzte nur Negatives berichtet
• sich nicht nach Weiterbildungs- und Entwicklungsmöglichkeiten erkundigt

Die Informationen, die durch die Bewerbungsunterlagen, das Einholen von Referenzen und das Interview zusammen kommen, erlauben nun präzisere Antworten auf folgende Fragen: Verfügt der Kandidat über die notwendige berufliche Qualifikation, die intellektuellen Fähigkeiten sowie die physische und psychische Belastbarkeit? Will er aus Neigung, Interesse und Überzeugung die angebotene Arbeit, und ist er bereit, motiviert und selbständig die gesteckten Ziele zu verfolgen? Passt er mit seiner Persönlichkeitsstruktur (Erscheinung, Temperament, Auftreten, Sprache, Sozialverhalten) in das Arbeitsteam?

Formular zur Interview-Auswertung

Datum:	Datum Interview:
Stellenbezeichnung:	
Name des Bewerbers:	
Interviewer:	
Datum der Bewerbung:	
Eindruck der Bewerbungsunterlagen:	
Fachbereich:	Zieldatum Stellenbesetzung:

Bewertungsskala: (6 = sehr gut bis 1 = schlecht)

Persönlicher Eindruck	Bewertung
Zutreffendes mit Filzstift markieren	Zutreffendes ankreuzen

Auftreten | 6 5 4 3 2 1

Überzeugend, gewinnend, energisch, sicher, heiter, offenherzig, natürlich, kontaktfähig, tolerant, korrekt, herausfordernd, höflich, liebenswürdig, lässig, arrogant, aufdringlich, vorlaut, provokativ, distanziert, ernst, gehemmt, schwerfällig, zurückhaltend, nicht gewandt, , keine Überzeugungskraft

Kommentar:

Motivation | 6 5 4 3 2 1

Selbstmotivierend, ehrgeizig, eifrig, engagiert, einsatzfreudig, interessiert, begeisterungsfähig, lernfreudig, impulsiv, antriebslos, bequem, träge, lustlos, desinteressiert, keine Eigeninitiative

Kommentar:

Sprachlicher Ausdruck | 6 5 4 3 2 1

Klar, präzise, fehlerlos, flüssig, redegewandt, schlagfertig, intelligent, treffend, Kombinationsgeschick, schnelle Umstellung, konzentriert, fehlerlos, schwerfällig, umständlich

Kommentar:

Auffassungsgabe/Denkvermögen	6	5	4	3	2	1
Brillant, sehr schnell, sehr gut, aufgeweckt, vollständig, denkt mit, stellt präzise Fragen, gesunder Menschenverstand, hört gut zu, durchschnittlich, schwerfällig, unkonzentriert	Kommentar:					

Berufserfahrung	6	5	4	3	2	1
Beurteilung bezieht sich auf zu besetzende Position (Branchenerfahrung, Produkt- oder Kundengruppenerfahrung, technische Verfahren usw.)	Kommentar:					

Ausbildung	6	5	4	3	2	1
Entspricht die Ausbildung der zu besetzenden Stelle, allenfalls Trennung zwischen schulisch-theoretischer und praktischer Ausbildung	Kommentar:					

Eignung für zu besetzende Stelle *fachlich*:	6	5	4	3	2	1
Zusammenfassendes Urteil, Beurteilung der Entwicklungsmöglichkeiten, fachliche Eignung	Kommentar:					

Eignung für Stelle *persönlich:*	6	5	4	3	2	1
Zusammenfassendes Urteil, Beurteilung der Entwicklungsmöglichkeiten, persönliche Eignung	Kommentar:					

Bemerkungen

Verschiedene Testverfahren und ihre Bedeutung

Psychologische Tests hängen von der zu besetzenden Stelle ab und können in jedem Fall immer nur einen kleinen Teil der Selektionskriterien ausmachen. Es gibt zwei Meinungen von Tests. Der eine sagt: Der zu untersuchende Mensch wird auf eine Probe gestellt, damit man ihn durch sein Verhalten erkennt. Solche Tests gibt es seit langer Zeit und sie entsprechen oft der natürlichen Beobachtung und Interpretation von menschlichen Verhaltensweisen. Der wissenschaftliche Begriff "Test" ist strenger definiert. Hiernach wird eine Aufgabe erst dann ein Test, wenn sie an einer grossen Zahl von Personen erprobt wurde und bekannt ist, auf welche Weise der Durchschnitt aller Testpersonen darauf reagiert hat. Dadurch erhält man zuverlässige Beurteilungsmerkmale, die in Form von Zahlenwerten oder exakten Definitionen aussagen, wie die Reaktion im Vergleich zum Durchschnitt aller Menschen einzuordnen ist oder mit welcher Wahrscheinlichkeit zukünftiges Verhalten vorausgesagt werden kann. Tests dieser Art sollten grundsätzlich von erfahrenen Fachpsychologen zusammengestellt und ausgeführt werden.

Eignungstests werden meistens ergänzend zu den klassischen Methoden der Personalauswahl (Bewerbungsanalyse, Vorstellungsgespräch, Einholung von Referenzen) eingesetzt. Vor allem finden sie Anwendung bei der Selektion von Führungskräften, wichtigen Schlüsselstellen und Auszubildenden. Es werden unterschiedliche Testverfahren eingesetzt, um eine möglichst ganzheitliche Bewerberbeurteilung zu erzielen. Dies können allgemeine oder fachbezogene Intelligenztests, Assessment Centers, Konzentrationstests, Leistungstests sowie berufsbezogene Persönlichkeitstests, Potenzialanalysen, grafologische Gutachten oder kombinierte Verfahren sein. Die wichtigsten, in der Praxis gebräuchlichsten Tests stellen wir nachfolgend kurz vor.

Intelligenztests

Umfangreiche Studien zeigen, dass insbesondere die allgemeine Intelligenz oft ein zuverlässiger Indikator für den späteren Berufserfolg ist. Im Grunde genommen ist dies nicht weiter erstaunlich, denn die Intelligenz ist eine Voraussetzung dafür, sich ausreichendes berufliches Wissen aneignen zu können. Gerade in unserer Zeit, in der viele im Laufe ihres Erwerbslebens mehrere Berufe erlernen müssen, oder aber auch innerhalb eines Berufes einen rasanten technologischen Wandel zu bewältigen haben, spielt die Intelligenz nebst der Sozialkompetenz eine bedeutsame Rolle. Intelligenztests untersuchen im Allgemeinen:

- sprachliches Verständnis
- Merkfähigkeit und logisches Denken
- räumliches Vorstellungsvermögen

- Erkennen von Details und Zusammenhängen
- Beherrschung von Rechenoperationen
- kommunikative Begabung

Assessment Center

Hierbei handelt es sich um eine etablierte Methode der Qualifikations- und Eignungsermittlung der Potenzialbeurteilung und der Personalauswahl. Mit Hilfe von praxisnahen Problemlösungs- und Entscheidungsaufgaben werden Situationen simuliert, die von den Kandidaten verschiedene Fähigkeiten und Verhaltensweisen erfordern, z.b. analytisches Denken, Einsatzwille, Organisationsvermögen, Kooperationsbereitschaft, Kommunikations- und Argumentationsstärke.

Mehrere Personen können gleichzeitig daran teilnehmen und in einzelnen Aufgaben miteinander konkurrieren. In der Regel werden Aufgaben gestellt, die bei den Teilnehmern eine gewisse Arbeitsweise provozieren, welche von Experten beobachtbar ist und bei einer zu besetzenden Vakanz als Voraussetzung für eine erfolgreiche Aufgabenerfüllung gilt. Hilfsmittel sind Beobachtungsbögen und Checklisten, mit denen die relevanten Verhaltensweisen und Reaktionen erhoben und die Eindrücke festgehalten werden.

Die Leistungen der Bewerber werden von mehreren Beobachtern anhand Protokollbögen erfasst, so dass eine möglichst hohe Objektivität gewährleistet ist. Am Ende eines Assessment Centers erfolgen Auswertung, Vergleich, Kommentierung und Bewertung der Beobachtungen als Grundlage für Empfehlungen zur Einstellung oder Förderung der entsprechenden Kandidaten. Ziel des AC ist, Verhaltensweisen und Leistung zu beobachten, um Kompetenzen und Defizite der Teilnehmer zu analysieren. Typische Aufgaben bei einem Assessment Center können sein:

- Postkorbübungen, bei denen man in begrenzter Zeit Entscheidungen treffen, Termine koordinieren und Anweisungen für Mitarbeiter verfassen muss
- Vorträge oder Präsentationen, bei denen über ein vorgegebenes Thema oder manchmal auch über die eigene Person referiert werden muss
- Gruppendiskussionen, die von den Teilnehmern beispielsweise verlangen, dass für ein bestimmtes Problem eine gemeinsame Lösung gefunden wird
- Rollenspiele, in denen man eine charakteristische, schwierige Situation bewältigen muss
- Fähigkeits-, Leistungs-, Persönlichkeits- und Interessentests

Selbstverständlich kann es bei der Zusammenstellung dieser Aufgaben je nach Berufsfeld und Qualifikationsanspruch Variationen geben. Ist ein Assessment Center gut konzipiert, dann gehört es zu den aufschlussreichsten Personalauswahlverfahren, die es derzeit gibt. Allerdings ist kritisch anzumerken, dass viele Assessment Centers im "Hauruck-Verfahren" erstellt werden, hohe Kosten beanspruchen und nicht mit der notwendigen Professionalität durchgeführt werden. Holen Sie also Referenzen ein, fragen Sie in Verbänden nach, verlangen Sie das detaillierte Programm, sprechen Sie mit AC-Trainern, besuchen Sie die Website dieser Anbieter und vergleichen Sie Angebote, Dauer, Prüfpunkte, Zielpublikum, Zielsetzungen und Kosten, bevor Sie sich entscheiden.

Persönlichkeitstests

Mit Hilfe dieser Tests sollen Aufschlüsse über Charakter- und Wesenseigenschaften des Bewerbers gewonnen werden. Persönlichkeitstests und ähnliche Verfahren versuchen, ein möglichst objektives Bild über das Verhalten und die Persönlichkeit einer Person zu bekommen und unbewusste Verhaltensweisen oder Einstellungen zu erfassen. In den meisten Fällen geht es darum, bestimmte Eigenschaften und deren Ausprägungen zu messen, z.B. Leistungswille, Durchsetzungsvermögen, Emotionale Stabilität, Gewissenhaftigkeit, Verträglichkeit, Aggression, Labilität. Mitunter soll aber auch ein "Gesamtbild der Persönlichkeit" gewonnen werden, um so über das engere Qualifikationsprofil hinaus tiefgreifende Eindrücke zur möglichst umfassenden Beurteilung von Bewerbern zu erhalten. Persönlichkeitstests konfrontieren die Bewerber häufig mit bis zu 100 und mehr Fragen, die bei vielen Tests über einfaches Ankreuzen vorgegebener Antwortmöglichkeiten zu beantworten sind. Der Einsatz von Persönlichkeitstests wird vielfach als heikel betrachtet, da der geprüfte Kandidat keine Beziehung zur vakanten Position hat und daher nur bedingt eine anforderungsgerechte Auswahlentscheidung getroffen werden kann. Man muss sich allerdings bewusst sein, dass berufsbezogene Persönlichkeitstests bei den Bewerbern oft nur auf eine geringe Akzeptanz stossen.

Leistungstests

Leistungstests sollen Kenntnisse und Fähigkeiten von Bewerbern prüfen, die für den Beruf oder die erfolgreiche Bewältigung bestimmter beruflicher Aufgaben wichtig sind. Leistungstests messen daher häufig Aufmerksamkeits- und Konzentrationsfähigkeiten, manuelle Geschicklichkeit, Kenntnisse in Rechtschreibung, Mathematik, Fremdsprachen, sie überprüfen den Wortschatz, die Allgemeinbildung, das Fachwissen und vieles mehr. Wenn es ausreicht, einzelne wichtige Leistungskomponenten von Bewerbern zu prüfen, lassen diese Tests gewisse, begrenzte Aussagen darüber zu. Sollen aber Leistungsfähigkeit und - bereitschaft von Bewerbern umfassender und gründlicher bewertet werden, reichen Leistungstests in aller Regel nicht aus. Dies gilt vorwiegend für Berufe, in denen es auf hohe Motivation, ausgeprägte Führungsfähigkeiten und ähnliche, mehr persönliche Eigenschaften ankommt. In solchen Fällen müssen Aussagen von Leistungstests immer sehr gründlich an den Ergebnissen anderer Methoden der Bewerberauswahl relativiert werden z. B. Assessment Centers.

Arbeitsproben

Ein weiteres Instrument zur Beurteilung der Qualifikation, Fachkompetenz und Berufserfahrung. Arbeitsproben können journalistische Texte, Diplomarbeiten, Skizzen, Produktmuster, sonstige Materialien, Pläne oder Publikationen sein. Sie geben einen authentischen Einblick in die Fähigkeiten und Fertigkeiten des Bewerbers. Negativ zu beurteilen ist es, wenn ein Bewerber Arbeitsproben verwendet, die vertraulich sind. Mit Vorteil achtet man auf Arbeitsproben, welche einen Bezug zu Anforderungsprofil und Stelle haben.

Potenzialanalyse

Die Potenzial-Analyse zeigt das Leistungs- und Talentpotenzial eines Menschen auf und beschreibt Schlüsselqualifikationen, aber auch Motive und Interessen – oft im Vergleich mit anderen Fach- und Führungskräften z.b. Arbeitsmotivation, Sozialkompetenz, Selbstmanagement, Engagement, Offenheit, Fach- und Methodenkenntnisse und Führungsverhalten. Man erfährt, welche Tätigkeitsfelder dem Bewerber liegen und wie er sein Potenzial besser nutzen kann bzw. nutzen wird. Damit kann die Eignung ganzheitlich und im Hinblick auf ein Anforderungsprofil beurteilt werden.

Grafologische Gutachten

Die Grafologie beschäftigt sich mit der Analyse der Handschrift. Dazu muss eine Schriftprobe vorliegen, die das "normale" Schriftbild eines Probanden wiedergibt. Aus vielen Einzelmerkmalen, wie allgemeine Grösse der Buchstaben und deren Grössenverhältnisse, Verzierungen, Schriftstärke, Schreibverlauf und Ausrichtung der Buchstaben sowie der Unterschrift kann der Grafologe ein Charakterbild erstellen, das oft verblüffend genau an die Realität herankommt. Dabei sind Aussagen möglich wie Selbstwertschätzung, Einstellung zur Arbeit, Fantasie oder Distanz zu Menschen. Trotz der teilweise und eigentlich zu Unrecht umstrittenen Methode sind Gutachten bei professionellen und seriösen Grafologen als ergänzende, zusätzliche Sicherheit oder Anhaltspunkte gebende Methode empfehlenswert. Beachten Sie die Anforderungen an grafologische Schriftstücke:

- Das zu untersuchende Schriftstück (liniert oder unliniert) sollte aus mindestens zehn fortlaufenden Zeilen, am besten aus einer A4-Seite bestehen. Es ist ratsam, dem Grafologen verschiedene Schriftstücke, die spontan verfasst wurden, zu überreichen.

- Die Wahl des Schreibmaterials kann mit einem beliebigen Utensil (Füller, Filzstift, Kuli, Bleistift etc.) erfolgen.

- Der Grafologe muss wissen, welches Geschlecht und Alter der Schreiber hat, welchen Beruf er ausübt und welche Ausbildung er durchlaufen hat.

- Was Fragen der Personalauswahl und -entwicklung betrifft, ist das Einverständnis des Kandidaten zur Analyse seiner Handschrift und eine Stellenbeschreibung unverzichtbar. Analysen über nicht in Kenntnis gesetzte Dritte dürfen grundsätzlich nicht erstellt werden.

Kombinierte und ganzheitliche Diagnosesysteme

Diagnosesysteme, die sowohl Persönlichkeitsprofile als auch situationsbedingte Anforderungsprofile erfassen, werden ebenfalls eingesetzt – sogar auch online via Internet. Solche Tools können eine wirkungsvolle Grundlage für die Personalauswahl sein. Sie zeigen auf, wie man sich in Arbeits- und Stresssituationen verhält und geben einen Einblick in die Unterschiede zwischen natürlichem Verhalten und beruflichem Rollenverhalten. Sie erfassen die Wertestruktur, beleuchten persönliche Antriebssysteme und erklären, warum wir uns in einer ganz bestimmten Art und Weise verhalten.

Sorgfältiger Einsatz von Tests

Der Psychodiagnostikmarkt hat in den letzten Jahren stark an Popularität gewonnen. Fast jedes zweite Unternehmen, so schätzen Fachleute, lässt bei Stellenbesetzungen und in der Teamentwicklung Tests durchführen.

Der Einsatz psychologischer Tests ist in gewissen Fachkreisen, besonders bei Psychologen und Wissenschaftlern, aber auch umstritten. Dies, weil qualitativ gute Tests anspruchsvoll und aufwendig sind und ohne fachliche Hilfe kaum seriös zu bewältigen sind. Meist basieren in der Praxis angewandte „Schnell-Tests" auf 30 bis 40 Fragen, aus denen der Computer in Sekundenschnelle ein Persönlichkeitsprofil generiert, gespickt mit farbigen Diagrammen und wissenschaftlich klingenden Sätzen. Doch solche oberflächlichen Schnellverfahren halten psychologisch seriösen Anforderungen nur teilweise oder überhaupt nicht stand und können dann mehr Schaden anrichten als den Einstellungsentscheid wirksam unterstützen.

Qualitativ mangelhafte oder gar unprofessionelle Tests können gar zu schwerwiegenden Fehlentscheidungen führen. So können gut informierte Bewerber Tests auch durchschauen und sich dadurch geschickt verkaufen und Resultate verfälschen. Viele kommerzielle Anbieter legen die Hintergründe ihrer Verfahren zudem nicht offen oder man ist ganz einfach mit der Auswertung als psychologischer Laie überfordert.

Deshalb sollten psychologische Tests einerseits sorgfältig und nur mit fachkundiger Unterstützung vorgenommen werden. Dies beginnt schon bei der Auswahl von Testsystemen, geht über die Realisierung und den Einsatz bis zur Auswertung und richtigen Gewichtung. Andererseits sollten Tests konsequent nur in Kombination mit weiteren Auswahlinstrumenten (Assessments, Fallstudien, Interviews) eingesetzt werden. Dabei sollte das persönliche Gespräch bzw. Interview ohnehin mit Vorteil immer als das authentischste Instrument im Mittelpunkt stehen.

Die nachfolgende Übersicht informiert über weitere zusätzliche, auch spezialisierte Tests.

Testarten und ihre Bewertung	prüfen	anwenden	ungeeignet
Konzentrationstests			
Gedächtnistests			
Schulleistungstests			
Mathematiktests			
Sprachtests			
Lesetests			
Tests zum logischen Problemlösen			
Lerntests			
Kreativitätstests			
Tests zur räumlichen Vorstellungskraft			
Tests zum mechanisch-technischen Verständnis			
Tests zur Allgemeinbildung			
Fachwissen-Tests			
Tests zu psychomotorischen Fähigkeiten			
Tests zur Erhebung körperlicher Leistungen			
Motivationstests			
Interessentests			
Tests zu Sozial- u. Kommunikationskompetenzen			
Tests zu Führungsverhalten			
Tests zur Erhebung von Werten / Einstellungen			
Tests zur Bewältigung von Stresssituationen			
Tests zu emotionalen Kompetenzen			
Spezielle Tests für bestimmte Berufe			

Bedeutung und Vorgehensweisen bei Referenzen

Der Verfasser einer Referenz ist in der Regel eine vom Bewerber bestimmte Auskunftsperson, womit die Objektivität und bisweilen auch die Glaubwürdigkeit nur bedingt gegeben sind. Es lässt sich nur schwer feststellen, wann es sich um Gefälligkeitsreferenzen oder gar um manipulierte handelt und wann um einigermassen objektive. Sind es auf Zeugnissen basierende Referenzen, die ausgewogen verfasst sind und werden auch relativierende oder kritische Aussagen gemacht, sind sie meistens zumindest ernst zu nehmen. Unterscheiden kann man Referenzen von Privatpersonen und ehemaligen Vorgesetzten.

Privatpersonen: Sie werden deswegen genannt, um Aussagen zu Persönlichkeit und Charakter zu machen. In den meisten Fällen rechnet der Bewerber aber auch mit einer gewissen Wirkung, wenn es um bekannte Personen oder akademische Titel geht.

Ehemalige Vorgesetzte: Hier werden auch ehemalige Lehrmeister miteinbezogen. Natürlich werden auch solche Angaben meistens mit Bedacht ausgewählt.

Eine Referenzauskunft ist meist erst dann einzuholen, wenn eine Kandidatin oder ein Kandidat in die engere Wahl genommen wird und bereits ein Interview geführt wurde. Die Referenzen mehrerer Arbeitgeber objektivieren und komplettieren das Bild, sollten aber nicht die ausschlaggebenden Informationen zur Entscheidung darstellen; aber sie sind mitentscheidend bei der definitiven Wahl des neuen Mitarbeiters und sollen vorhandenes Wissen und die Eindrücke bestätigen. Obwohl die Aussage von Referenzen in der Regel bis zu einem gewissen Grad immer subjektiv ist, kann es sinnvoll sein, in bestimmten Fällen eine Referenzüberprüfung vorzunehmen. Denn: Die zuverlässigste Aussage zur Eignung eines Bewerbers können ohne Zweifel diejenigen machen, die den Bewerber über einen längeren Zeitraum erlebt, mit ihm zusammengearbeitet und ihn beobachtet haben. Und das sind in der Regel seine früheren Vorgesetzten.

Mehrere Referenzen einholen und Widersprüche klären

Eine Referenz ist keine Referenz; erst zwei bis drei geben erfahrungsgemäss ein genügend ausgewogenes Bild. Vergleichen Sie diese vor allem in den für Ihre Stelle wichtigen Punkten oder zur Überprüfung von Aussagen anderer Referenzgeber, die Sie absichern oder verifizieren möchten. Natürlich können dabei neue Widersprüche auftreten. Menschen und ihre Leistungen zu bewerten ist eine höchst subjektive Aufgabe und von vielen Zufälligkeiten und letztlich auch Sympathien und Antipathien abhängig. Darum ist eine gewisse Vorsicht immer angebracht. Versuchen Sie, die Referenzperson etwas näher kennenzulernen, bevor Sie Auskünfte einholen.

Zweck und Vorteile von Referenzen

Nach eingehender Beurteilung dient die Referenzauskunft:

* zur Klärung von Widersprüchen und Ungereimtheiten
* zur Absicherung und Überprüfung wichtiger Aussagen in Unterlagen oder Gesprächen.
* zu Abrundung oder Bestätigung Ihres persönlichen Eindruckes

Qualifizierte, fundierte und objektive Referenzen haben gegenüber Zeugnissen einige entscheidende bzw. je nach Situation und Position ergänzende Vorteile:

* Die Informationen, die Sie im Gespräch erhalten, sind ausführlicher und präziser auf Ihre Stellenanforderungen ausgerichtet, als schriftliche Auskünfte.
* Tonfall, Zwischenbemerkungen, Beispiele und stimmlicher Nachdruck geben Ihnen zusätzlich wichtige Aufschlüsse. (Beachten Sie als Referenzgeber übrigens, dass diese einem Zeugnis nicht widersprechen dürfen).

Worauf bei der Referenzeinholung zu achten ist

Achten Sie beim Einholen von Referenzen auf folgende Punkte. Sie geben Ihnen Gewähr, möglichst objektive und auf Ihre Bedürfnisse ausgerichtete Informationen zu erhalten.

* Verwenden Sie nur Referenzen, welche nicht zu weit in der Vergangenheit liegen, damit die Auskunft nicht durch mangelndes Erinnerungsvermögen verfälscht wird.
* Fragen Sie nur kompetente Gesprächspartner, die den Bewerber beurteilen können.
* Bevor Sie Referenzen einholen, sollten Sie sich einen Frageplan erstellen. Je präziser Sie dabei die Fragen formulieren und auf Ihr Anforderungsprofil ausrichten, desto besser.
* Je mehr Bezug Sie auf Zeugnisse und Lebenslauf nehmen, desto ergiebiger werden die Antworten ausfallen und um so besser können Sie die Glaubwürdigkeit (Widersprüche, Übereinstimmungen, Angaben zu Kerntätigkeiten, Persönlichkeitsbeurteilung) beurteilen.
* Nehmen Sie als Grundlage für das Gespräch und den Fragekatalog das Anforderungsprofil, den Lebenslauf, die Stellenbeschreibung und das Arbeitszeugnis zur Hand.

Kurzformular für die Erfassung von Referenzen

Datum:	
Datum der Bewerbung:	Stellenbezeichnung:
Name des Bewerbers:	
Telefon:	E-Mail:
Abteilung:	Vorgesetzter:
Fachbereich:	Zieldatum Stellenbesetzung:
Eindruck der Bewerbungsunterlagen:	
Eindruck Vorstellungsgespräch:	
Name Referenzgeber:	
Firma:	Adresse / Tel.

Abzuklärende Punkte u. Fragen	Bemerkungen, Notizen
☐ Leistungen	
☐ Stärken und Schwächen	
☐ Fragen zum Tätigkeitsbereich	
☐ Verhalten Team/Vorgesetzten	
☐ Initiative	
☐ Fachliche Qualifikation	
☐ Verantwortungsbewusstsein	
☐ Arbeitstechnik	
☐ Zuverlässigkeit und Genauigkeit	
☐ Intelligenz, Motivation	
☐ Besondere Erfahrungsbereiche	
☐ Fremdsprachenkenntnisse	

Gesamteindruck aus Gespräch:

Bewerbervergleich in Kurzform

Datum:	Stellenbezeichnung:
Abteilung:	Linienvorgesetzter:
Fachbereich:	
Zieldatum Stellenbesetzung:	
Bearbeiter:	

Bewertungsskala

+++ gut/sehr gut	++ zufriedenstellend/OK	- = ungenügend/schlecht

Bewertungspunkt	Bewerber			
	A	B	C	D
Persönlichkeit				
Sprachlicher Ausdruck				
Engagement				
Ausbildung/Niveau				
Auffassungsgabe				
Motivationsbereitschaft				
Berufserfahrung				
Fachkompetenz				
Sozialkompetenz				
<Weiteres Kriterium>				
<Weiteres Kriterium>				
Total Bewertungspunkte				

Kommentar:

Kandidatenprofil mit Punktebewertung

Datum:	Stellenbezeichnung:

Name des Bewerbers:

Telefon:	E-Mail:	Datum der Bewerbung:

Abteilung:	Linienvorgesetzter:

Fachbereich:	Zieldatum Stellenbesetzung:

Eindruck der Bewerbungsunterlagen:

Datum Interview:	Interviewer:

Punkte	Frage Nr.	1 = Wenig/Schlecht / 6 =sehr gut/ausgeprägt	Punkte
Ausbildung/ Studium	1	Konstant/Ohne Unterbrechung oder Richtungsänderung	5
	2	Studienschwerpunkt - Relevanz für Position	4
	3	Wert der gesammelten Praktikums-erfahrungen	6
	4	Hochschule/Noten/Beurteilungen	6
	5	Kaufmännische Schule /Noten /Beurteilungen	4
	6	Engagement in Vereinen/Sport Clubs	5
Berufspraxis/ Fachwissen	7	Marketing	5
	8	Werbung	4
	9	Verkauf	3
	10	Kundendienst	3
	11	Export	5
	12	Verkauf	3
	13	Finanzen	6
	14	Administration/Verwaltung	4

Führungs-erfahrung	15	Ausmass Verantwortung	4
	16	Anzahl unterstellte Mitarbeiter	6
	17	Öffentliche Auftritte	4
Intellektuelle Fähigkeiten	18	logisches/analytisches Denkvermögen	1
	19	geistige Flexibilität	1
	20	Auffassungsgabe	1
Persönlichkeit	21	Äussere Erscheinung	5
	22	Auftreten	5
	23	Dynamik/Initiative	6
	24	Kommunikations-/Teamfähigkeit	5
	25	Anpassungsbereitschaft	3
	26	Ausgeglichenheit	4
	27	Urteilsvermögen	4
	28	Selbstbewusst-sein/Durchsetzungsvermögen	4
	29	Führungsfähigkeit	4
	30	Mobilität	6
Referenz	31	Meinung des/der Referenten	3
Arbeits-motivation	32	persönliche Zufriedenheit mit der Aufgabe	2
	33	Gehalt/sonstige Leistungen	2
	34	Aufstieg/Karriere	1
	35	Verantwortung/Führung	3
	36	konkretes Berufsziel	2

Prioritäten	37	Frau	4
	38	Familie als Ganzes	4
	39	Kinder	4
	40	Karriere	2
	41	Hobbys	4
	42	Sport	4
	43	Eltern	4
Teameignung	44		3
Unternehmens-eignung	45		3,8
Andere Kriterien	46		5
Andere Kriterien	47		5
Total			
Durchschnitt			

Ausbildung/Studium	Fragen 1-6	5
Berufspraxis	Fragen 7-14	3
Führungserfahrung	Fragen 15-17	4,5
Intellekt. Fähigkeiten	Fragen 18-20	3
Persönlichkeit	Fragen 21-30	4,6
Referenz	Frage 31	1,8
Berufsmotivation	Fragen 32-36	2
Prioritäten	Fragen 37-43	3,7
Teameignung	Frage 44	2
Unternehmenseignung	Frage 45	3,8
Andere Kriterien	Fragen 46-47	5
Gesamtpunkteanzahl (Durchschnitt)		

Formular für die Interview-Auswertung

Datum:	Stellenbezeichnung:
Name des Bewerbers:	Datum der Bewerbung:
Telefon:	E-Mail:
Abteilung:	Linienvorgesetzter:
Fachbereich:	Zieldatum Stellenbesetzung:
Eindruck Dossier:	
Datum Interview:	Interviewer:
Eintrittstermin/Kündigungsfrist:	
Ist-Einkommen:	Gehaltswunsch:

Skala ++ = Sehr gut /+ = Durchschnitt / - = schwach

	Dauer	++	+	-
Ausbildung/Studium				
Ausbildungsrichtung				
Studienschwerpunkt				
Unternehmen				
Hochschule				
Noten/Beurteilungen				
Besondere Aktivitäten				
Berufspraxis/Fachwissen				
Einschlägige Branchenkenntnisse				
	Dauer	++	+	-
Einsatzbereich:				
Spedition/Logistik				
Administration/Export				
Kundendienst/Verkauf				
Support/Events				
Marketing/Marktforschung				

	Dauer	++	+	-
Führungserfahrung				
Ausmass Verantwortung				
Anzahl unterstellte Mitarbeiter				

Intellektuelle Fähigkeiten	++	+	-
Logisch-analytisches Denken			
Flexibilität / Reaktionsvermögen			
Auffassungsgabe			
Artikulationsvermögen			
Darstellungsweise			
Überzeugungsfähigkeit			
Persönlichkeit			
Äussere Erscheinung			
Auftreten			
Dynamik/Initiative			
Kommunikationsfähigkeit			
Teamfähigkeit			
Anpassungsbereitschaft			
Flexibilität			
Urteilsvermögen			
Selbstbewusstsein			
Durchsetzungsvermögen			
Führungsfähigkeit			
Stressresistenz			
Mobilität			
Berufsmotivation			
Persönliche Zufriedenheit			
Die Aufgabe betreffend			
Gehalt/sonstige Leistungen			
Aufstieg/Karriere			
Verantwortung/Führung			
Konkretes Berufsziel			

	++	+	-
Fremdsprachen:			
Englisch			
Französisch			
Deutsch			
Besondere Fachkenntnisse:			
Lehr- und Vortragserfahrung:			
Publikationen:			
Sonstige Erfahrungen:			
Sonstige Zielvorstellungen:			
Freizeitaktivitäten:			

Bedeutung	sehr wichtig	weniger wichtig	bedeutungslos
Familiäres Umfeld			
Frau			
Familie als Ganzes			
Kinder			
Beruf des Partners			

	optimal	akzeptabel	eher nicht
Teameignung			
Unternehmenseignung			
Bemerkungen:			
Datum:			

Eigenanalyse des Interviewers

Mit der nachfolgenden Checkliste kann man selbstkritisch die Stärken und Schwächen als Interviewer prüfen. Es sind die aus der Erfahrung relevanten Kriterien zur Führung gewinnbringender Interviews.

Skalierung: 1 = nie, mangelhaft, bis 5 = immer, sehr gut, ausgeprägt.

Ich nehme eine sorgfältige Analyse der Stellenanforderungen vor, bevor ich mit dem Auswahlprozess beginne	1	2	3	4	5
Ich studiere die Qualifikationen des Bewerbers im Hinblick auf die Stellenanforderungen, bevor ich mit dem Gespräch beginne	1	2	3	4	5
Ich entwerfe auf der Grundlage der studierten Bewerber-Qualifikationen einen individuellen Gesprächsplan	1	2	3	4	5
Ich bemühe mich, zu Beginn jedes Gesprächs eine entspannte Atmosphäre zu schaffen, die einer guten Kommunikation förderlich ist	1	2	3	4	5
Ich bemühe mich, den Bewerber dazu zu bringen, sich frei und ungezwungen zu äussern	1	2	3	4	5
Ich setze Fragen ein, die darauf abzielen, die wichtigsten Informationen zu erhalten	1	2	3	4	5
Ich höre mehr zu, als ich selbst spreche	1	2	3	4	5
Ich vermeide Vorurteile und Beeinflussung aufgrund persönlicher Präferenzen	1	2	3	4	5
Weiterer eigener wichtiger Punkt					

Ich mache mir Notizen über wesentliche Fakten	1	2	3	4	5
Ich informiere die Bewerber über die Position sowie über die Organisation insgesamt, und ich beantworte diesbezügliche Fragen	1	2	3	4	5
Ich treffe meine Auswahlentscheidung auf der Grundlage der Berufsanforderungen	1	2	3	4	5
Ich dokumentiere meine Auswahlentscheidungen	1	2	3	4	5
Ich benachrichtige alle Kandidaten zum geeigneten Zeitpunkt über das Ergebnis des Bewerbungsgesprächs	1	2	3	4	5
Gesamtpunkteanzahl:					

Auswertung Eigenanalyse des Gesprächsleiters

56 und 70 Punkte

Wenn Sie zwischen 56 und 70 Punkte erzielt haben, sind Sie in wesentlichen Punkten ein erfahrener Interviewer.

42 und 55 Punkte

Eine Punktezahl zwischen 42 und 55 zeigt, dass Sie sowohl Stärken als auch noch zu verbessernde Schwachstellen haben.

Unter 42 Punkten

Wenn Sie unter 42 Punkten geblieben sind, sollten Sie noch an sich arbeiten. Konzentrieren Sie sich - unabhängig von der Gesamtpunkteanzahl - bei Verbesserungsbemühungen auf diejenigen Punkte, bei denen Sie eine Bewertung von drei Punkten oder weniger haben.

Datum:

Bemerkungen:

Kandidaten-Screening im Internet

Eine immer populärer werdende Methode ist das sogenannte Kandidaten-Screening im Internet. Dabei recherchiert man über Bewerber mit der Suchmaschine Google oder in sozialen Netzwerken wie Xing oder Linkedin, die Auskunft über das geschäftliche Beziehungsnetz geben und daher auch als "Background-Checks" bezeichnet werden. Private Netzwerke wie Facebook werden zuweilen ebenfalls genutzt, um Einblick in das soziale Umfeld zu gewinnen, d.h. zu sehen, welche Kontakte ein Kandidat hat, in welchen Gruppen er sich bewegt, welchen Freundeskreis er hat und was man über ihn sagt. Es ist einerseits eine effiziente Methode, schnell ganzheitliche und facettenreiche Mehrinformationen über eine Person zu gewinnen, an die man über traditionelle Wege kaum herankommt. Charakterliche Warnsignale oder äussert fragwürdige Betätigungen können durchaus wichtig sein, um Fehlbesetzungen zu vermeiden und Risiken zu (er)kennen. Andererseits ist ein Kandidaten-Screening aber auch heikel, wenn es sich um veraltete oder fehlerhafte Einträge handelt oder die Privatsphäre betreffende Informationen gewonnen werden, die nicht berufs- und stellenrelevant sind. Schnell kann dies in Schnüffelei ausarten und private Aspekte können die Beurteilung von Kandidaten negativ beeinflussen oder gar ungerechtfertigte Vorurteile entstehen lassen.

Faires und verantwortungsbewusstes Kandidaten-Screening sollte zurückhaltend, mit Vorsicht und Vorbehalten und stets mit Respekt vor der Privatsphäre von Kandidaten genutzt werden. So wie kritische oder unklare Aussagen in Arbeitszeugnissen und Lebensläufen offen angesprochen werden, kann gleiches auch mit Informationen aus dem Internet-Screening geschehen. Vorstellbar sind nebst Guidelines und speziellen Merkpunkten auch Screening-Briefings, welche aufgrund von Bewerbungsdossiers einerseits und Stellenanforderungen andererseits klare und genaue Informationsziele und Recherchethemen enthalten. Mit einer solchen Systematik ist die Seriosität der Informationsgewinnung und die Substanz der recherchierten Informationen eher gewährleistet. Zielvereinbarungen, Anforderungsprofile und Stellenbeschreibungen sind weitere hilfreiche Instrumente für relevante Informationsziele. Einige wichtige Merkpunkte und Grundsätze:

- Sind die Informationen stellen- und qualifikationsrelevant?
- Sind sie zur Beurteilung von Persönlichkeit und Tätigkeit wichtig?
- Sind Quellen und Einträge seriös und vertrauenswürdig?
- Bestehen Kurz-Briefings mit klaren Informationszielen?
- Ist man bereit, kritische Punkte mit den Kandidaten zu erörtern?
- Werden zweifelhafte und unsichere Informationen gekennzeichnet?
- Werden Screenings durch fachkundige Personen durchgeführt?
- Werden zugelassene und gesperrte Websites definiert?

Einstellungsentscheid und Eignungsdiagnostik

Vorgehen und Ablauf beim Einstellungsentscheid

Es geht nun in die "Endrunde und Zielgerade" des Auswahlprozesses: Unter den verbleibenden Kandidaten muss der Einstellungsentscheid getroffen werden. Im Mittelpunkt steht hier die Analyse der Anforderungen einer zu besetzenden Stelle aus dem Anforderungsprofil und der Stellenbeschreibung in Verbindung mit der Analyse der relevanten Merkmale der Kandidaten aus den Bewerbungsunterlagen, dem Interview und allfälligen Tests, also dem gewonnenen Kandidatenprofil. Durch den Abgleich zwischen Ergebnis der Anforderungsanalyse und Ergebnis der Kandidatenanalyse – auch Jobmatch genannt - ergeben sich wichtige Hinweise und eine solide, systematisch und breit abgestützte Entscheidungsgrundlage für eine optimale Personalauswahl.

Entscheidungsrelevante Bereiche und Profiling

Die zu untersuchenden Bereiche ergeben sich aus den für die Leistung von Mitarbeitern verantwortlichen und erfolgsrelevanten Faktoren. Diese sind die folgenden Bereiche, die es besonders zu beachten, zu vergleichen und zu analysieren gilt:

- Wissen — Ausbildungsstand, Know-how, Kompetenzen
- Sozialkompetenzen — Persönlichkeit, Kommunikation, Verhalten
- Ressourcen — Technik, Zeit, Führung, Energie
- Kognitive Fähigkeiten — kann sie oder er den Job machen
- Motivation — will sie oder er den Job machen
- Potenziale — genügen vorhandene/künftige Potenziale

Ganzheitlichkeit der Entscheidungskriterien

Die Ganzheitlichkeit der obigen Hauptbereiche ist von grosser Bedeutung. Ein Kandidat mag mit hervorragenden fachlichen Qualifikationen und beeindruckenden Karriereplänen überzeugen. Doch wenn die Kommunikationsfähigkeiten wichtige Lücken aufweisen oder beispielsweise das autoritäre Auftreten überhaupt nicht zur Führungskultur des Unternehmens passen, sollte dies unbedingt bedacht werden und gleichwertig in die Entscheidungsfindung einbezogen werden.

Es ist treffend und sollte jeden Rekrutierer zum Nachdenken anregen, was viele Personalleute meinen und immer wieder erleben: Man stellt Mitarbeiter wegen ihrer Qualifikationen und Erfahrungen ein und entlässt sie wegen Charakter-, Kommunikations- und Persönlichkeitsmängeln. Gerade bei der Analyse von Führungskräften sind Sozialkompetenzen und Persönlichkeitsfaktoren von grösster Bedeutung und können nicht genug stark gewichtet und beachtet werden.

Motivation und Grundhaltung

Diese beiden Faktoren sind ebenfalls äusserst wichtig und werden in Interviews, bei der Kandidatenanalyse und im Einstellungsentscheid oft nicht genug stark mit der notwendigen Relevanz miteinbezogen. Eine starke Motivation ist der Leistungsmotor schlechthin, beeinflusst die Lernfähigkeit und vor allem auch das Arbeits- und Teamklima. Werden hier Fehler gemacht und die Motivation und Motivierbarkeit nicht beachtet oder Warnsignale ignoriert, kann dies zu folgenschweren Fehlentscheidungen führen. Mit fehlender und mangelhafter Motivation geht oft auch eine negative und wenig leistungsbewusste Grundhaltung einher. Auch auf diese gilt es, besonderes Augenmerk zu richten.

Mitarbeiter mit einer positiven Grundhaltung und persönlichen Ausstrahlung sind ein Gewinn für das Team und für Vorgesetzte, sie begrüssen Herausforderungen und sind im Allgemeinen ambitiös. Negative und destruktive Mitarbeiter hingegen können ein Teamklima schädigen und nachteilig beeinflussen und führen oft zu Führungskonflikten und Problemen.

Immer wichtiger wird auch die Lernbereitschaft und das Lernbewusstsein und die das Interesse an der eigenen Weiterentwicklung und dem beruflichen Fortkommen. Bewerber, die hier zu überzeugen vermögen und dies auch in deren Lebensläufen und Weiterbildungsbelegen erkennen lassen, sind oft auch die engagierteren und motivierteren.

Analyse und Profiling

Um ein aussagekräftiges Profiling durchzuführen, muss auf das Anforderungsprofil und die Stellenbeschreibung zurückgegriffen werden. Sind bereits mehrere Mitarbeiter in gleicher Position tätig und stehen deren objektiv messbaren Arbeitsresultate, Qualifikationen und Anforderungen zur Verfügung, ist ein Benchmarking auch eine geeignete Methode zur Ermittlung des Zielprofils. Die übereinstimmenden Merkmale der besten Benchmarkteilnehmer können dann die erfolgsrelevanten Merkmale für die Zielposition definieren. Im zweiten Schritt werden die Kandidaten mit dem gleichen Verfahren analysiert. Die Übereinstimmung sagt aus, ob und wie weit sich die Anforderungen des Unternehmens mit der Eignung und Qualifikation des Mitarbeiters decken. Erst dieser mit einer sorgfältigen Analyse verbundene Vergleich vermittelt zuverlässige und objektive Erkenntnisse für den Auswahlprozess und den Einstellungsentscheid.

Breite Abstützung des Einstellungsentscheides

Die Kandidatenanalyse und der anschliessend erfolgende Anstellungsentscheid können also nicht genug breit, sorgfältig, umfassend und systematisch vorgenommen werden. Wichtig ist, dass nebst den vorgestellten Instrumenten und Methoden rationaler und analytischer Art auch die Intuition, der Bauch, das Gefühl nicht zu kurz kommt. Ein gut entwickeltes Sensorium für Persönlichkeit und Charakter und der Einbezug von mehr als nur ein bis zwei Personen sind konkrete Möglichkeiten. Weitere – auch unkonventionelle und weniger populäre - stellen wir nachfolgend kurz vor.

Instrumente der Eignungsdiagnostik

Über Bewerbungsdossier, Begleitbrief, Assessments, Interviews, Tests und grafologische Gutachten hinaus gibt es weitere Instrumente der Eignungsdiagnostik, welche helfen, Einstellungsentscheidungen breit abzustützen und Kandidaten möglichst ganzheitlich zur Eignung der Stelle beurteilen zu können. Wie viele Instrumente man dabei mit welchem Aufwand einsetzt, ist eine Frage der Bedeutung von Stelle und Position. Bei Führungskräften und wichtigen Schlüsselpositionen sind umfangreiche Eignungsprüfungen oft angebracht. Bei der Auswahl, Kombination und Gewichtung sind zentral wichtige Sozial- und Fachkompetenzen aus dem Anforderungsprofil einerseits oder relevante Unsicherheiten oder Fragezeichen aus Bewerbungsdossier oder Interviews andererseits in die Überlegungen einzubeziehen. Konkrete Möglichkeiten sind:

Probeaufgaben und Präsentationen

Dies ist ebenfalls eine Möglichkeit, indem Kandidaten konkrete Aufgaben "live" und anhand von aktuellen Beispielen und Aufgabenstellungen angehen und diese erfüllen oder präsentieren. Es kommen hier auch Fähigkeiten zum Vorschein, (Arbeitstechnik, Verhalten, Systematik) die weder in einem Interview noch in Bewerbungsdossiers eruiert werden können. Unbegreiflicherweise wird diese Möglichkeit nur selten genutzt, kann aber für Stellenanbieter sehr aufschlussreich sein. Probeaufgaben können in einfacherem Rahmen auch für zuhause abgegeben werden, zum Beispiel die Vorbereitung auf Präsentationen.

Probearbeitstag oder Schnupperwoche

Ein Probearbeitstag oder gar eine Schnupperwoche ist für die meist versprechenden Bewerber geeignet. Hier können diese ihr Können im Arbeitsalltag zeigen und gleichzeitig Kontakt zum zukünftigen Team aufnehmen. Für den Probearbeitstag sollten maximal zwei Bewerber eingeladen werden, die an unterschiedlichen Tagen bzw. Wochen im Unternehmen sind. Der Einbezug des Teams hat den Vorteil, dass das Team sich zu jedem Kandidaten äussern kann und dieser eher als

Teammitglied akzeptiert wird. Setzt sich der Vorgesetzte über die Meinung seines Teams hinweg, können allerdings Probleme auftreten.

Beizug eines Coaches oder HR-Consultants

Bei wichtigen Schlüssel- und Führungspositionen kann ein externer Coach, Supervisor oder HR-Consultant beigezogen werden. Gerade externe Fachleute oder gute Kenner der Unternehmenskultur können Aspekte einbringen oder sehen, die anderen stark im Betriebsgeschehen involvierten Personen nicht auffallen oder nicht bemerkt werden.

Grafologische Gutachten und Tests

Wie schon an anderer Stelle ausführlich dargelegt, darf nie nur auf Tests abgestützt werden und müssen solche immer professionell sein und möglichst unter fachkundiger Beratung vorgenommen werden – auch bei der Analyse und Interpretation. Doch auf diese Weise und als ergänzendes und unterstützendes Mittel eingesetzt können auch Tests und grafologische Gutachten wertvolle zusätzliche Hinweise bringen oder positive Beobachtungen oder gehegte Zweifel bestätigen oder verstärken.

Mitentscheidenden Personenkreis erweitern

Versuchen Sie, Frauen und Männer, Angestellte und Führungskräfte, Experten und kaufmännisches Personal und Mitarbeiter unterschiedlicher Generationen und Persönlichkeiten in die Entscheidung einzubinden. Dies führt zu ausgewogeneren Urteilen und einem breiteren Spektrum von Wahrnehmungen, Meinungen und Priorisierungen. Bei Schlüsselpositionen und wichtigen Führungspositionen sollte und kann ein Geschäftsleitungsmitglied bzw. der CEO miteinbezogen werden, und zwar während des gesamten Auswahlprozesses oder erst in der Schlussrunde bei zwei bis drei Kandidaten.

Team in Entscheidung miteinbeziehen

Wie schon andernorts erwähnt: Es kann sehr hilfreich sein, Kandidaten in der engeren Wahl mit dem Team bzw. der Abteilung sprechen bzw. sich gegenseitig „beschnuppern" zu lassen. Schnell kann man so feststellen, wie es um Kompatibilität und Teamakzeptanz steht und wie wohl sich Kandidat und Team fühlen. Ideal ist es, das Team und den Kandidaten mit Fragen vorzubereiten lassen, deren Antworten und Informationen beidseitig wichtig sind. Der Miteinbezug eines Teams ist auch führungspolitisch ein kluger Schritt, der von bestehenden Mitarbeitern sehr geschätzt wird und – von besonderer Bedeutung - die Akzeptanz von Neueintretenden dann auch wesentlich erhöhen kann.

Geführter Betriebsrundgang

Ein geführter Betriebsrundgang mit den verbleibenden Kandidaten kann sehr aufschlussreich sein, da er vom Pult und Besprechungstisch in die betriebliche Realität wegführt. Wie verhalten sich die Bewerber, wer zeigt wo welches Interesse? Achten Sie auf die Kommentare und die Themen, die welche Kandidaten interessieren. Ein solcher Rundgang kann mit Vorteil von einer anderen Person geführt werden (Stellvertreter, Assistent, Angehöriger des Human Resource Managements, Abteilungsleiter mit intensiver Zusammenarbeit), der die Kandidaten mit anderen Augen sieht und aus einem anderen Blickwinkel beurteilt. Fragen Sie anschliessend nach Eindrücken und achten Sie darauf, wer wo welche Prioritäten in den Wahrnehmungen gesetzt hat.

Lebenspartner kennenlernen

Gerade bei Führungspositionen spielt das Lebensumfeld eine gewisse Rolle. Steht der Lebenspartner hinter der Stelle und einer allfälligen Karriere des Kandidaten? Über welche Sozialkompetenzen und Grundwerte verfügt er und wie steht er der Branche, dem Unternehmen und seinen Produkten gegenüber? Die Art der Beziehung und deren Umgang lassen Rückschlüsse auf Verhalten, Menschenbild, Grundhaltungen, Lebenswerte und Sozialkompetenzen zu. Zudem stehen Lebenspartner einem Unternehmen, welches sie einbezieht und sich für sie interessiert, von Beginn weg positiv und aufgeschlossen gegenüber.

Gemeinsames Mittag- oder Nachtessen

Dies mag eine auf den ersten Blick etwas befremdliche Auswahlmethode sein, doch sie kann recht aufschlussreich sein punkto Sozialkompetenzen, Verhalten in Gesellschaft und Auftreten des Kandidaten ausserhalb des Betriebes. Gerade bei häufigen ausserbetrieblichen Tätigkeiten kann hier der Auftritt gegen aussen wichtig sein. In dieser Situation kommt zudem der Knigge zum Zug, Alkoholkonsum, Rauchen, Zuvorkommenheit, Small-Talk-Fähigkeiten u.a.m. geben interessante Hinweise und Informationen zu Person und Charakter. Zudem öffnen sich gewisse Menschen in solchen Situationen stärker, was den Eindruck auf eine interessante Weise vervollständigen kann.

Beauftragung mit Präsentation

Geben Sie den Kandidaten, wie schon erwähnt, die Aufgabe, zu einem bestimmten Thema eine Präsentation zu halten. Präsentationsgeschick, Überzeugungskraft, Kommunikationsfähigkeiten und Medienhandling sind einige Fähigkeiten, die damit geprüft werden können. Diese Methode ist angebracht, wenn mehrere gleichwertige Kandidaten übrig bleiben und genannte Fähigkeiten eine gewisse Relevanz haben. Geben Sie jedoch allen Kandidatin die gleichen Chancen, Auflagen und Themen im Interesse einer objektiven Vergleichbarkeit und nutzen Sie die Möglichkeit, weitere Personen wie HR-Vertreter, Teamangehörige, Geschäftsleitungsmitglieder beizuziehen. Dies ist vor allem auch für direkte Vorgesetzte interessant, beispielsweise die Fundiertheit, das Niveau oder die Aktualität wichtigen Know-hows oder andere Fachkompetenzen prüfen und beobachten zu können.

Gruppendiskussion oder Fachmeeting

Dies kann ein interessantes, aktuelles Thema oder Projekt in Ihrem Unternehmen sein, das Sie mit den verbleibenden Kandidaten diskutieren. Auch hier können ein bis zwei weitere Personen hinzugezogen werden. Dieses Vorgehen zeigt, wie gewandt und überzeugend der Kandidat zu argumentieren versteht, wie er mit Kritik umgeht, wie breit und fundiert sein Fachwissen ist und wie er als Persönlichkeit wirkt und ankommt. Auch hier ist dieses Instrument dann sinnvoll, wenn solche Fähigkeiten für die Stelle besonders wichtig sind.

Persönlichkeitsinventar

Dieses ermöglicht ein strukturiertes Persönlichkeitsprofil anhand von meistens zwölf fachübergreifenden Persönlichkeitsdimensionen wie z.B. Belastbarkeit, Ziel- und Konfliktmanagement oder Kommunikationsstil. Die individuellen Persönlichkeitseigenschaften werden meistens in einer Selbstbeurteilung vom Kandidaten mittels Fragebogen vorgenommen. Die Antworten werden tätigkeitsspezifisch analysiert und liefern eine zusätzliche, objektive Entscheidungsgrundlage. Die Faktoren sind testtheoretisch und inhaltlich aus und in der Praxis recht gut abgesichert. Dabei ist ein qualifiziertes Feedback an den Kandidaten in einem Gespräch wichtig, bei dem die gewonnen Erkenntnisse auch relativiert und verfeinert werden. Persönlichkeitsinventare werden oft bei internen Stellenausschreibungen und Assessments angewendet und bringen qualitativ oft sehr gute Resultate.

Die 360°-Beurteilung

Dies ist eine umfassende und aufwendige Form der Kandidatenbeurteilung, die meistens bei Mitarbeiterbeurteilungen, aber auch bei der Auswahl von internen Kandidaten eingesetzt wird. Insbesondere das Leistungsverhalten von Führungskräften soll dbei aus unterschiedlichen Perspektiven (Vorgesetzte, Kollegen, Mitarbeiter, Kunden, Ausbilder, Coaches) eingeschätzt werden. Die systematische Interpretation dieser Bewertungsinformationen soll ein umfassendes individuelles Feedback ermöglichen. Diese Beurteilungsmethode wird oft automatisiert oder auch online durchgeführt und die Auswertung erfolgt in der Regel anonymisiert.

Rollenspiele

Sie sind eine bestimmte Trainingsform, die oft auch bei der Aus- und Weiterbildung verwendet wird, sei es als Mitarbeitergespräch oder als Rollenspiel mit anderen Gruppenteilnehmern. Man gewinnt so Erkenntnisse über Beziehungen und das Verhalten in Gruppen. Beim Rollenspiel übernehmen die Teilnehmer meistens teilweise bestimmte definierte Rollen im Rahmen simulierter oder realer Situationen und Prozesse. Rollenspiele sind aber auch ein geeignetes Personalauswahl-Verfahren, welches sehr authentische und von mehreren Personen, nämlich den Teilnehmern an Rollenspielen, breit abgestützte Beurteilungen und Beobachtungen ermöglicht. Klare Zielsetzungen, eine genaue Definition der Rollen, die optimale Vorbereitung, Umschreibung der Inhalte und besonders eine sorgfältige Auswahl der Rollenspielteilnehmer sind besonders zu beachten. Themen können Führungssituationen, Verhandlungen, Verkaufgespräche, aktuelle Projektthemen und ähnliches sein.

Menschenkenner mit feinem Sensorium

Es gibt in vielen Betrieben Mitarbeiter, welche dafür bekannt sind, ein feines Sensorium für die intuitive Beurteilung von Menschen und Persönlichkeiten zu haben. Kurze Begegnungen mit solchen talentierten "Menschenkennern", die dann ihr spontanes Urteil abgeben und ihre Eindrücke schildern, können oft überraschend gute und wertvolle Erkenntnisse einbringen und eine Kandidatenbeurteilung, wenn auch auf den ersten Blick etwas unkonventionell, doch sehr authentisch abrunden und vervollständigen. Dies können Beobachter auf einem Betriebsrundgang sein oder Mitarbeiter, die kurz in ein Interview einbezogen werden.

Der biografische Ansatz

Durch die Analyse vergangenheitsbezogener Merkmale wie Ausbildung, Spezialkenntnisse, Berufs- und Führungserfahrung soll von früherem Verhalten eine Prognose zum zukünftigen Verhalten getroffen werden. Diesem Ansatz wird folgende Überlegung zugrunde gelegt: Wer schon in der Vergangenheit bewiesen hat, dass er sehr kreative Lösungen findet oder besonders konsensfähig ist, wird sich wohl auch zukünftig so verhalten, bzw. die Fähigkeit wiederum einsetzen können. Geeignete Verfahren zur Erhebung biografischer Daten sind Bewerbungsunterlagen, biografische Fragebögen oder das Interview. Die Genauigkeit der Vorhersage des zukünftigen Verhaltens bzw. der Leistung, Zufriedenheit, des Führungsverhaltens usw. aufgrund der biografischen Daten sollte möglichst breit abgestützt und sehr sorgfältig und umfassend analysiert werden. Referenzen präzisieren diese Informationen natürlich auf ideale Weise.

Definitive Personalselektion

Datum:	Stellenbezeichnung:
Name des Bewerbers:	
Adresse:	E-Mail:
Tel. privat:	Tel. Geschäft:
Geburtsdatum:	Zivilstand:	Nationalität:
Kinder:	Arbeitsbewilligung:

Anforderungskriterien

Bewertungsskala (1 sehr schlecht bis 6 sehr gut, evtl. mit Gewichtung)

Eventuelle Aufteilung in: MUSS- SOLL-Kriterien, und funktions- oder führungsspezifische Kriterien.

G = Gewichtung der Anforderungskriterien/ E = Erfüllungsgrad

Bewertungspunkt	G	E	Total
(1-6 Punkte)			
Stellenbezogene Motivation			
Motivation für administrative Aufgaben			
Motivation für Kontrollaufgaben			
Zuverlässigkeit			
Leistungswille und Lernbereitschaft			
Fachwissen			
Sinn für betriebliche Zusammenhänge			
Integrität			
Bewertungspunkt	G	E	Total
Teamfähigkeit			
Initiative/Dynamik			
Arbeitstechnik			
Urteilsvermögen			
Belastbarkeit			
Sorgfalt/Genauigkeit			

Flexibilität			
Selbständigkeit			
Verhandlungsgeschick			
Aufbau von Beziehungen			
Führungsverhalten			
Urteilsvermögen / Entscheidungsverhalten			
Äussere Erscheinung etc.(Auftreten, Kleidung, Blick)			
Ausdrucksweise (Klarheit, Sprechweise, Wortschatz etc.)			
Persönlichkeit als Ganzes			
Verhalten, Kontaktfähigkeit, Ausstrahlung)			
Total Punkte			

Weitere Abklärungen: Gesundheit/vertrauensärztliche Untersuchung:

Strafregisterauszug:	
Betreibungsauskunft:	
Referenzen:	

Eignungsbeurteilung (zusammenfassende das Ergebnis der Abklärungen)

Meinung Personalverantwortlicher:	
Arbeitskollegen/Team-Meinung:	
Meinung Linienvorgesetzter:	
(nicht geeignet, bedingt geeignet, geeignet, überqualifiziert)	

Grobvergleich von verbleibenden Kandidaten

Kriterien aus Anforderungsprofil, Bewerbungsunterlagen und Informationen aus dem Interview	Name Bewerber	Name Bewerber	Name Bewerber	Name Bewerber
Persönlichkeit Auftreten Ausstrahlung Sympathie				
Erfahrung Stellenerfordernis Bandbreite Erfahrungsniveau				
Qualifikation Ausbildung Niveau Fachwissen				
Aus- und Weiterbildung Aktivitäten quantitativ Diplome und Weiterbildungsbelege qualitativ Gezieltheit und Kontinuität				
Sozialkompetenz/Teamfähigkeit Kommunikation Teamtauglichkeit Führungsstärke				
Zeugnisaussagen Leistung Verhalten Tätigkeiten				
Referenzen (oder evtl. Ihr Kriterium) Charakter Qualifikation Arbeitsqualität				
Gesamtzahl Bewertungspunkte				

Vielfalt der Einstellungskriterien auf einen Blick

Einstellungskriterium - Beurteilung	prüfen	anwenden	ungeeignet
Fachliches Know-how und Qualifikation			
Background und Ausbildung			
Entwicklungspotenzial			
Lernbereitschaft und Lernfähigkeit			
Kompatibilität mit der Unternehmenskultur			
Kompatibilität mit Team und Abteilung			
Kompatibilität mit Vorgesetztem/Führungsstil			
Motivationsbereitschaft und Motivierbarkeit			
Persönlichkeit und Ausstrahlung			
Grundhaltung und Grundwerte			
Leistungsbereitschaft und Leistungsbewusstsein			
Kommunikationsfähigkeiten			
Teamfähigkeiten			
Leistungsbewusstsein			
Entscheidungsstärke			
Langfristigkeit, Bindungsbereitschaft			
Flexibilität und Veränderungsbereitschaft			
Kongruenz mit Leitbild und Unternehmenswerten			
Eindruck Interview fachlich			
Eindruck Interview bezüglich Persönlichkeit			

Methoden und Instrumente zum Einstellungsentscheid

Anregung - Beurteilung	prüfen	anwenden	ungeeignet
Interview und persönliches Gespräch			
Präsentation vor ausgewähltem Personenkreis			
Resultate aus Assessment Center			
Persönlichkeits-Tests			
Fachliche Tests			
Grafologisches Gutachten			
Urteil bzw. Einschätzung Team			
Urteil und Einschätzung direkter Vorgesetzter			
Urteil und Einschätzung Personalabteilung			
Einbezug und Kennenlernen des Lebenspartners			
Abteilungsleiter mit der intensivsten Zusammenarbeit			
Arbeitsproben und Testaufgaben			
Schnuppertage oder Schnupperwoche			
Beobachtung von Verhalten und Nonverbalem			
Zuverlässigkeit und Termineinhaltungen			
Eindrücke aus Verhalten bei Mittag-/Abendessen			
Mittag- oder Abendessen evtl. mit Lebenspartner			
Referenzen zur fachlichen Qualifikation			
Referenzen zur Persönlichkeit und zu Charakter			
Übereinstimmung und Widersprüche von Referenzen			

Muster zur Begründung eines Einstellungsentscheides

Sinn und Zweck: Die nachfolgende Entscheidungsbegründung für eine Kandidatin dokumentiert einen Entscheid, kann aber auch als Vorschlag verwendet und mit anderen involvierten Personen verfasst werden.

Name des Kandidaten	Maria Meier, Lendenstr. 114, 5001 Aarau
Kurzdaten zur Stelle	Leiterin Kundendienst, Interview vom 11.4.20XY, Eintritt 1.6.20XY
Am Entscheid beteiligte Personen	Leiter Marketing, Interviewer, momentane Assistentin, Leiter Kundendienst

Fachkompetenz

Guter mündlicher Ausdruck, Marketing-Know-how aus verschiedenen Branchen. Hat Ambitionen zu weiteren Fachausbildungen. Fachlich stark und erfahren im Call Center-Bereich.

Persönlichkeit

Frau Meier hat ein sicheres Auftreten und eine gewinnende Persönlichkeit. Der zu vermutende partnerschaftliche Führungsstil passt sehr gut zur Firma und dem Kundendienstteam. Ihre dynamische und initiative Art, schafft gute Voraussetzungen für die Weiterentwicklung unseres Kundendienstes

Ausbildung und Berufserfahrung

Fachlich überzeugt Frau Meier in allen Punkten. Die PC-Erfahrung, die Führungserfahrungen in verschiedenen Branchen, zuletzt als Call Center-Leiterin, überzeugen. Nachteil: Keine Französisch-Kenntnisse.

Kurzbegründung des Entscheides

Frau Meier verfügt über sehr gute Führungserfahrung, passt fachlich und persönlich gut zu Team und Unternehmen und bringt Call Center-Erfahrungen mit sich, die den Zielsetzungen unserer Kundendienst-Weiterentwicklung besonders entsprechen.

Weitere Bemerkungen:

Tabellarische Stellenbeschreibung

Datum:	Stellenbezeichnung: Leiter Kundendienst	

Name/Vorname: Roland Muster

Eintritt:	Vorgänger: Maria Meister	Position: Abteilungsleiter

Abteilung: Kundendienst

Vorgesetzter: Roland Bär, Leiter Marketing

Genereller Aufgabenkreis, Zielsetzung

Telefonische Betreuung von Kunden, Führung von zur Zeit 5 Personen, Unterstützung bei Marketingkampagnen, Sicherstellung statistischer Daten, kompetente und zuverlässige Vertretung des Unternehmensbildes gegen aussen und innen.

Tätigkeit, Aufgabe	Priorität	Anteil Arbeitszeit
Telefonische Betreuung der Kundenkontakte	1	40%
Vorbereitung/Planung von Marketingkampagnen	1	25%
Erstellen und Auswerten von statistischen Daten	2	15%
Schulung und Instruktion von Mitarbeitern	2	10%
Mithilfe bei Kunden- und Marktreports	3	10%
Total		100%

Vorgesetzter, Mitarbeiter, wichtige Kontaktpersonen

Name, Vorname	Aufgabe, Funktion	Bemerkungen
Roland Bär	Vorgesetzter, Marketingleiter	
Drei unterstellte Mitarbeiter	Entgegennahme Kundentelefone	
1.		
2.		
3.		
Susanne Meier	Support bei Marketingkampagnen / Werbeassistentin	

Roland Bär:	Roland Muster:

Stellenbeschreibung erstellt von:	Datum:

Die Vertragsverhandlung

Dieser letzte Schritt ist oft nur noch eine Formsache, kann aber je nach Bewerbercharakter, der Position und Stellung des Kandidaten und der Genauigkeit der Vorabklärungen noch Hürden aufweisen.

Vorerst gilt es, sich auf die Vertragsverhandlung sorgfältig vorzubereiten und sich im Klaren zu sein, mit welchen Verzögerungsstrategien Sie von Kandidatenseite allenfalls rechnen müssen. Es ist von grösster Wichtigkeit, möglichst alle Aspekte und Fragen, - und dazu sollte auch das Gehalt oder mindestens der Gehaltsrahmen gehören - schon vorher zu klären oder mindestens einen konkreten Rahmen zu stecken. Bei der Vertragsverhandlung geht es im Allgemeinen um folgende Punkte:

- Aushandlung der Gehaltshöhe
- Details der Sozialleistungen
- Zusatzleistungen wie Boni oder Provisionen
- Durch den Stellenwechsel eventuell entstehende Probleme
- Heikle Punkte wie Leistungsumschreibungen

Festsetzung des Gehalts und von Extraleistungen

Oft verstärkt sich der positive Eindruck von HR-Leitern in dieser Phase von der mündlichen Zusage bis zur Vertragsunterzeichnung. Im negativen Fall können aber auch Warnsignale und Schwächen des Kandidaten auftauchen. Es gibt Kandidaten, die gerade im Bereich der Gehaltsverhandlungen taktisch Vorteile herausholen möchten. Es stärkt Ihre Position und kürzt die Verhandlungen ab, wenn man schon im Vorfeld eine Obergrenze setzt, die im Salärbudgetrahmen des Unternehmens liegt.

Es ist aus taktischen Gründen empfehlenswert, nicht gleich zu Beginn das maximal mögliche Gehalt zu nennen. So gewinnt man eher Spielraum für zukünftige Entwicklungsetappen oder man kann schon nach der Einführung eine Gehaltserhöhung vornehmen. Beachtet werden sollte auch das Lohngefüge innerhalb des Teams und Unternehmens, da sonst hier später Konflikte und Demotivation entstehen können, wenn neue Mitarbeiter bevorzugt werden und höhere Löhne erhalten.

Berechnen Sie auch den Gesamtwert der Zusatz- und Extraleistungen. Beharrt der Bewerber auf Umzugskosten, Höhe von Arbeitswegentschädigungen, Boni oder ähnlichem, können sie ihm den Wert der Zusatz- und Extraleistungen entgegenhalten. Anstelle von höheren Extraleistungen kann als Entgegenkommen auch das Grundgehalt erhöht werden.

Fristen und Regelungen

Im Allgemeinen wünschen Kandidaten noch Zusage- und Bedenkfristen von einigen Tagen bis zu einer Woche. Doch zu sehr über diesen Zeitraum hinausgehen sollten Sie nicht. Zu langes Zögern kann verschiedene Ursachen haben. Der Kandidat möchte mit allen Mitteln ein höheres Gehalt oder sonstige Vorteile erzielen oder stösst bei seinem Lebenspartner auf plötzlichen Widerstand (Notwendiger Umzug, Gehalt, Arbeitszeiten).

Im negativen Fall ist Ihr Betrieb nur zweite Wahl und der Kandidat wartet mit der Zusage seines Arbeitgeber-Favoriten oder er pokert bei seinem momentanen Vorgesetzten, indem er ihn über das bessere Angebot bei Ihnen unter Druck setzt und somit bessere Konditionen erreichen will. Dies funktioniert in der Praxis leider häufiger als angenommen. Nur bei solchen Kandidaten können Sie eigentlich erleichtert sein, dass Sie sie verlieren, da es wohl kaum loyale Charaktere sind, die Sie sich für Ihr Team und Ihr Unternehmen wünschen. Seien Sie generell vorsichtig bei Kandidaten, die in dieser Phase plötzlich Vereinbarungen nicht einhalten, misstrauisch werden oder viele Punkte zum wiederholten Mal zur Sprache bringen oder gar anzweifeln.

Fristsetzung zur Vertragsabgabe

Setzten Sie dem Kandidaten bei seiner Zusage zur Vertragsunterzeichnung eine klare Frist, wann Sie den Vertrag unterschrieben zurückerwarten. Haben Sie ein ungutes Gefühl, sprechen Sie ihn unter Umständen offen darauf an. Auch ein Nachfragen, ob Sie noch etwas für den Bewerber oder seine Familie tun können, um ihn im Entscheid zu bestärken, kann angebracht sein.

Handeln Sie aber sofort, wenn zu viele Fragezeichen auftauchen. Dies kann im schlimmsten Fall der eigene Rückzug sein, den Sie aber vor allem bezüglich Fristen und Abmachungen dann schriftlich festhalten sollten. Bedenken Sie: Der Kandidat ist erst dann wirklich Ihr Mitarbeiter, wenn seine Unterschrift auf dem Vertrag steht – im Idealfall begleitet von einem beidseitig festen und zuversichtlichen Handschlag!

Arbeitsrechtliche Aspekte

Achten Sie bei der Ausarbeitung des Vertrages auch darauf, dass möglichst alle heiklen und konfliktträchtigen Punkte klar und umfassend geregelt werden. Es kann dies Boni, Provisionen, Überstunden, Leistungsdefinitionen, Weiterbildungsentschädigungen und mehr betreffen. Umso genauer der Vertrag diesbezüglich ausgestellt ist, desto weniger arbeitsrechtliche Risiken und im schlimmsten Fall Gänge zum Arbeitsgericht können vermieden oder mindestens reduziert werden.

Controlling des Rekrutierungsprozesses

Nach der Anstellung des Kandidaten gilt es in einem letzten Schritt, die Massnahmen, Instrumente und Methoden auf ihre Tauglichkeit ihren Erfolg, die Zeitbeanspruchung und die Kosteneinhaltung hin zu überprüfen. Dabei stehen folgende Fragen im Vordergrund:

- War die Stellenbeschreibung in der verwendeten Form hilfreich?

- Sind die Kriterien des Anforderungsprofils ausreichend und detailliert genug, um die Anforderungen an die Stelle im Vakanzfall umfassend zu beschreiben?

- Hat sich die inhaltliche Beschreibung im Anforderungsprofil nachträglich als zutreffend herausgestellt?

- Wie wurden Bewerber und Bewerberinnen auf das konkrete Stellenangebot aufmerksam?

- Über welche Kanäle kamen die Bewerber der engeren Auswahl?

- Wie haben sich die angewandten Methoden der Bewerbersuche bewährt (Gesamtbewertung der eingesetzten Methoden)?

- Welche Methoden waren erfolgreich, welche weniger und welche gar nicht?

- Auf welche Auswahlmethoden können Sie zukünftig verzichten?

- Hat das Interview als zentrales Auswahlinstrument die Erwartungen erfüllt? Was kann/muss weshalb verbessert werden?

- Welche Auswahlmethoden wollen Sie zukünftig anstelle bisher verwendeter Methoden oder zusätzlich einsetzen?

- Verlief die Bewerberadministration pannenfrei, wurden Termine eingehalten und war der Ablauf effizient und die Leistungen unterstützend?

- Entsprechen die innerbetrieblich für die Stellenbesetzung eingeplanten Kosten den tatsächlich entstandenen?

- Wie bewerten Sie das Verhältnis von Kosten und Nutzen der externen Unterstützung?

- Wurde der Einstellungsentscheid systematisch, sorgfältig und umfassend getroffen?

- Entsprach der Zeitaufwand dem geplanten, wo wurde dieser evtl. weshalb um wie viel überschritten?

- Haben Tests die erwarteten zusätzlichen Hinweise oder Erkenntnisse geliefert?

Mitarbeitereinführung

Vorbereitungen zur Mitarbeitereinführung

Die Einführung eines neuen Mitarbeiters ist eine menschlich wichtige und organisatorisch bedeutsame Aufgabe. Erfreulicherweise decken sich hier die Hauptwünsche des Arbeitnehmers mit jenen des Arbeitgebers: Die neue Kollegin, der neue Mitarbeiter möchte möglichst gut und rasch mit seinen Aufgaben vertraut werden, dabei aber auch menschliche Wertschätzung, seitens des Chefs und der Arbeitskameraden finden. Und genau all dies liegt ja auch im Interesse der Firma selbst.

Aus qualifizierten Bewerbern können nur dann leistungsfähige Mitarbeiter werden, wenn sie bezüglich Betreuung und Organisation optimal in ihr neues Tätigkeitsfeld eingeführt werden. Dazu brauchen sie umfassende Informationen über das Unternehmen und seine Produkte, über Betriebsstruktur und Arbeitsabläufe, die Kontaktpersonen, über Pflichten und Kompetenzen, die Reglemente und die Gepflogenheiten Ihres Unternehmens.

Mitarbeitereinführungen werden in der Praxis leider oft stiefmütterlich behandelt und oft mehr nach dem Zufallsprinzip angegangen als auf der Grundlage einer durchdachten Planung und Vorbereitung. Mit solchen Unterlassungen wird vieles verspielt, z.B. der erste Eindruck für den neuen Mitarbeitenden getrübt oder die Chance auf ein erfolgreiches Bestehen der Probezeit reduziert. Professionalität und Organisation, wie neue Mitarbeiter mit ihrer Aufgabe und dem neuen Umfeld vertraut gemacht werden, beeinflusst ihre künftige Einstellung und Grundhaltung zum Unternehmen und ihre Leistungsbereitschaft. Es gilt auch hier, dass der erste Eindruck oft der entscheidende und prägende ist.

Tritt ein neuer Mitarbeiter in ein Unternehmen ein, ist auf eine möglichst schnelle und reibungslose Integration zu achten, bei der sich der Neueintretende schnell wohlfühlt und seinen Aufgabenbereich, die Mitarbeitenden und die Unternehmenskultur als Ganzes umfassend kennenlernen kann. Im Zentrum steht dabei ein Einführungsplan, eine kompetente Betreuung und durchdachte Einführungsmethoden (Theorieanteil, "Training on the job", Fortschrittskontrolle, schriftliche Zusammenfassungen, systematische Verständnis- und Kontrollfragen, Erkennen von Stärken und Schwächen usw.).

Für eine Systematik umfassender Informationen und einen guten Eindruck sorgt ein sogenanntes Welcome Package, welches bei Stellenantritt alle relevanten Informationsmittel und Orientierungshilfen enthält und Neueintretenden gleich von Anfang an signalisiert, dass dem Unternehmen eine systematische Einführung auf Basis umfassender Informationen wichtig sind.

Welcome-Package für neu eintretende Mitarbeiter

Ein Welcome Package kann die folgenden Informationsunterlagen und -quellen für den Neueintretenden enthalten:

Stellenbeschreibung

Wichtige Informationen zu der Stelle, die Sie in unserem Unternehmen antreten. Bei Fragen sind Ihnen Ihr Vorgesetzter oder wir von der Personalabteilung jederzeit behilflich.

Organigramm

Informationen über die Abteilungen, Ressorts, die Geschäftsleitung und die Zuordnung der Abteilung in der Unternehmensorganisation, in der der Mitarbeiter arbeiten wird.

Unternehmensleitbild

Das Unternehmen und seine Ziele, Kernleistungen, Visionen und Prioritäten gegenüber Kunden, Mitarbeitern, Lieferanten und Gesellschaft.

Fort- und Weiterbildungsangebote

Das Reglement und eine Kurzübersicht der von uns empfohlenen Institute, Seminaranbieter und Lehrgänge. Mehr Informationen hält die Personalabteilung bereit.

Aktuelle Ausgabe der Mitarbeiterzeitschrift

Aktuelle und interessante Themen über Produkte, Projekte, Unternehmen und Mitarbeitende für einen guten Einstieg.

Einführungsplan

Die ersten vier Wochen sind entscheidend, weshalb wir nichts dem Zufall überlassen wollen. Der Einführungsplan verrät, wer dem Neueintretenden wann, bei welchen Aufgaben, auf welche Weise und mit welchem Zeitaufwand behilflich ist. Eine umfassende Mitarbeitereinführung hängt grösstenteils von einer guten Organisation und Planung ab und erfordert klare Abläufe und Zuständigkeiten. Deshalb konzentrieren wir uns in diesem Kapitel auf Formulare und Arbeitsblätter, die diesem Umstand Rechnung tragen und dabei schnell umsetzbare, praktische Hilfestellung leisten. Im Mittelpunkt steht dabei ein fertig strukturierter und inhaltlich als Mustervorlage ausgearbeiteter Einführungsplan, der entweder so oder gekürzt eingesetzt oder auch als Ideenbringer Anregungen liefern kann. Kurz und bündig auf einen Nenner gebracht, weiss der neu eintretende Mitarbeiter nach der Einführung wer Sie sind, welche Ziele Sie und er haben, wie Sie es angehen und anpacken, was Sie von ihm erwarten.

Arbeitsblatt Mitarbeitereinführungsprogramm

Personal- und Unternehmensdaten

Datum:	Stellenbezeichnung:
Name/Vorname:	Vorgänger:
Stellenantritt:	Position:
Abteilung:	Vorgesetzter:

Verteiler:			

Aushändigung Informationsmaterial

Ziel/Zweck: Wichtige Informationen zu Unternehmen und Arbeitsplatz

Zu erledigende Punkte und Themen:

- Hauszeitschrift
- Stellenbeschreibung und Geschäftsbericht
- Unternehmensbroschüre und Produktverzeichnis
- Reglemente und Betriebsordnungen
- Dienstleistungen der Personalabteilung
- Handbuch der IT-Abteilung zu Soft- und Hardware

Zuständigkeit/Verantwortung:	Martin Kurstein
Termin Erledigung:	12. April 20XY
Erfolgskontrolle Wer/Wann:	Rolf Amstutz/ Erster Arbeitstag

Sonstige Bemerkungen/Kommentare/Besonderheiten:

Arbeitsplatz-Einrichtung

Ziel/Zweck: Komplette Arbeitshilfsmittel-Ausstattung und ergonomische Qualitätssicherstellung

Zu erledigende Punkte und Themen:

- Einrichtung E-Mailadresse und Soft- und Hardwarekonfiguration
- Telefonzentralen-Information und Telefoneinrichtung
- Reinigung und Einrichtung Arbeitsplatz und Pflanzenpflege

Zuständigkeit/Verantwortung:	
Termin Erledigung:	
Erfolgskontrolle Wer/Wann:	

Sonstige Bemerkungen/Kommentare/Besonderheiten:

Personalabteilung und Administration

Ziel/Zweck: Erfassung/Sicherstellung relevanter Personeninformationen

Zu erledigende Punkte und Themen:

- Bankkonto-Angabe
- Aushändigen Personalausweis/Anlegen des Personaldossiers
- Personaldaten-Überprüfung
- Telefonverzeichnis und Mitarbeiteradressen
- Eintrag in Verteiler Fachinformationen
- Informationen zu Notfallarzt, Erste Hilfe und Betriebssicherheit
- Meldung an Redaktion Hauszeitschrift
- Bestimmung des für die Einführung verantwortlichem Coaches
- Visitenkarten bestellen und Verpflegungsmöglichkeiten zeigen

Zuständigkeit/Verantwortung:

Termin Erledigung:

Erfolgskontrolle Wer/Wann:

Sonstige Bemerkungen/Kommentare/Besonderheiten:

Betriebsrundgang und Vorstellung

Ziel/Zweck: Kennenlernen des Unternehmens und der Mitarbeiter

Zu erledigende Punkte und Themen:

- Begleiter des Rundgangs
- Kurzform der Vorstellung zur Person und zur Aufgabe
- Selektion Abteilungen mit Zusammenarbeit
- Information gewisser Abteilungen und Personen
- Bestimmung der Orte und Einrichtungen mit kurzer Vorführung
- Organigramm und Vorstellen der Ressortleiter und deren Aufgaben
- Informationen zu Versicherungspflichten und zum Versicherungsschutz

Zuständigkeit/Verantwortung:

Termin Erledigung:

Erfolgskontrolle Wer/Wann:

Sonstige Bemerkungen/Kommentare/Besonderheiten:

Ziele der ersten Arbeitswoche

Ziel/Zweck: Basiskenntnisse und Erkennen der Zusammenhänge

Zu erledigende Punkte und Themen:

- Erste Zwischenbilanz
- Kontrolle der Basiskenntnisse und Erkennen der Zusammenhänge
- Befindlichkeit
- Allfällige Probleme und deren Lösung
- Feedback und Wertschätzung
- Besprechung der Arbeitsresultate und Tätigkeiten
- Optimierungsmöglichkeiten und Massnahmen
- Termin für weiteres Mitarbeitergespräch

Zuständigkeit/Verantwortung:	
Termin Erledigung:	
Erfolgskontrolle Wer/Wann:	

Sonstige Bemerkungen/Kommentare/Besonderheiten:

Ziele der zweiten Arbeitswoche

Ziel/Zweck: Arbeiten in den ersten wichtigen Aufgabenbereichen

Zu erledigende Punkte und Themen:

- Erfolgskontrolle in wichtigen Aufgabenbereichen
- Allfällige Probleme und deren Lösung
- Feedback und Wertschätzung
- Besprechung der Arbeitsresultate und Tätigkeiten
- Optimierungsmöglichkeiten und Massnahmen
- Termin für weiteres Mitarbeitergespräch

Zuständigkeit/Verantwortung:	
Termin Erledigung:	
Erfolgskontrolle Wer/Wann:	

Sonstige Bemerkungen/Kommentare/Besonderheiten:

Ziele der dritten und vierten Arbeitswoche

Ziel/Zweck: Erkennen aller wichtigen Zusammenhänge und Beherrschen der Kernaufgaben

Zu erledigende Punkte und Themen:

- Qualitätsbesprechung und Prüfung wichtiger Arbeiten
- Kontrolle der Kenntnisse und Zusammenhänge
- Zusammenarbeit mit Abteilungen und Teamsituation
- Überprüfen, ob festgestellte Probleme gelöst wurden
- Schulungsbedarf und Wissenslücken eruieren
- Besprechung der ersten Arbeitsresultate und Tätigkeiten
- Optimierungsmöglichkeiten und Massnahmen
- Termin für weiteres Mitarbeitergespräch

Zuständigkeit/Verantwortung:	
Termin Erledigung:	
Erfolgskontrolle Wer/Wann:	

Sonstige Bemerkungen/Kommentare/Besonderheiten:

Ziele der fünften und sechsten Arbeitswoche

Ziel: Die wichtigsten Tätigkeiten können selbständig ausgeführt werden, Basiswissen ist komplett

Zu erledigende Punkte und Themen:

- Vorbereitung Probezeitgespräch
- Besprechung aller Arbeitsresultate und Festlegung der Prioritäten und Kernkenntnisse
- Soll-Ist-Aufstellung der wichtigsten Kernaufgaben und -tätigkeiten
- Massnahmenplan für Abweichungen und Lücken
- Feedback und Wertschätzung
- Probezeitbericht vom Mitarbeiter aus an Personalabteilung und Vorgesetzten
- Termin für weiteres Mitarbeitergespräch

Zuständigkeit/Verantwortung:	
Termin Erledigung:	
Erfolgskontrolle Wer/Wann:	

Sonstige Bemerkungen/Kommentare/Besonderheiten:

Sicherstellung der Erfolgskontrolle und Mitarbeitergespräche
Ziel/Zweck: Entscheidungsgrundlagen für den Anstellungsentscheid aus gegenseitiger Sicht
Zu erledigende Punkte und Themen:

- Welche Ziele werden qualitativ definiert und wie kontrolliert
- Welche Ziele werden quantitativ definiert und wie kontrolliert
- Massnahmenplan zur Reduzierung von Defiziten und Unklarheiten
- Mitarbeiter und Probezeitgespräche und deren Themen festlegen
- Protokollierung der Vereinbarungen und Zielsetzungen
- Kopien der Gespräche an die Personalabteilung

Zuständigkeit/Verantwortung:	
Termin Erledigung:	
Erfolgskontrolle Wer/Wann:	
Sonstige Bemerkungen/Kommentare/Besonderheiten:	

Bericht Probezeit und Entscheid Festanstellung
Zweck: Anstellungsentscheid, Probezeitverlängerung oder Probezeitbeendigung ohne Anstellung
Zu erledigende Punkte und Themen:

- Termin und Grobinhalt des Probezeitgespräches
- Entscheid Festanstellung, Probezeitverlängerung oder Probezeitbeendigung ohne Anstellung
- Probezeitgespräch anhand der Qualifikationsunterlagen
- Leistungsbereitschaft und Leistungsvermögen quantitativer und qualitativ
- Eventuell Vornahme einer Fremdbeurteilung oder Teamsitzung
- Feedback zu Einführung und Einarbeitung des Mitarbeitenden
- Erste Verbesserungs- und Optimierungsvorschläge
- Prüfen, ob Erwartungen und Beurteilungen bekannt und klar sind
- Termin, Verteiler, Punkte und Entscheid im Probezeitbericht

Zuständigkeit/Verantwortung:	
Termin Erledigung:	
Erfolgskontrolle Wer/Wann:	
Sonstige Bemerkungen/Kommentare/Besonderheiten:	

Kontrollformular für Einführungsplan

Datum:	Stellenbezeichnung:
Name:	Vorname:
Eintrittsdatum:	Ende vertragliche Probezeit:
Beurteilt durch:	
Abteilung:	Position:
Vorgänger:	Vorgesetzter:

Kontrollfragen	Erledigt	
	ja	nein
Nach Unterzeichnung des Vertrages		
Ist der Zeitrahmen für die ersten Tage und für weitere Einführungsblöcke/Themen reserviert und besprochen?		
Besteht ein weiterer Bedarf an Informationen, gibt es noch Lücken?		
Sind von der Stellenbesetzung involvierte Personen informiert, wurde eine Vorstellungsrunde im Betrieb organisiert?		
Sind Vorgesetzte, andere Kaderleute und weitere zukünftige Mitarbeiter informiert und vorbereitet?		
Sind alle administrativen Aufgaben in der Personalabteilung erledigt?		
Sind allenfalls notwendige Massnahmen zur Schliessung von Lücken in Wissen und Können eingeplant?		
Vor dem Arbeitseintritt		
Sind der Willkommensbrief mit Unterlagen (Firmenbroschüre, News) und der Einführungsplan versandt?		
Sind Aufgaben, Kompetenzen und Verantwortung geregelt und formuliert, (Stellenbeschreibung, Pflichtenblatt)?		
Ist der Einarbeitungsplan fachlich und terminlich und mit personellen Zuständigkeiten erstellt?		
Sieht der Plan genügend aktive Mitarbeit mit Erfolgserlebnissen gleich zu Anfang an vor?		
Sind die Termine zur Einführung mit wichtigen Kontaktpersonen vereinbart?		

Sind eventuelle IT-Passwörter und Zugangsberechtigungen veranlasst?		
Sind die involvierten Personen über Name, Aufgabe, Stellung, frühere Tätigkeit des Neuen unterrichtet?		
Besteht ein Terminplan für die Fortschritts- und Erfolgskontrolle?		
Ist ein die gesamte Einführung begleitender Betreuer, oft "Götti" genannt, bestimmt und instruiert?		
Sind Informationen über den neu eintretenden Mitarbeiter am Anschlagbrett und in der Hauszeitung?		
Wer ist für Garderobe, Hilfsmittel, Dokumentation, Telefon, Namensschild an der Türe, aktuelle Memos, Schlüssel usw. zuständig, und alles, was schon am ersten Tag erledigt sein sollte?		
Ist der Begleiter für das erste Mittagessen bestimmt?		
Ist eine der Erfahrung des neuen Mitarbeiters entsprechende Arbeit (die weder überfordert noch unterfordert) mit konkreten Aufgabenstellungen vorbereitet?		
Ist bei Abwesenheit des direkten Betreuers eine Ansprechperson mit der Stellvertretung beauftragt?		
Wer orientiert über Sanität, Sicherheitseinrichtungen, Materialausgabe, Parkplatz und Ähnliches?		
Ist eine Rückfrage bei der Personalabteilung betreffend Eintrittszeit, Kollektiveinführung, Wohnung, Arbeitsbewilligung, Abgabe von Dokumenten über Firma und Ortschaft erfolgt?		
Telefonliste? Kurzzeichen? Berechtigung für PC-Netz? Mitteilungen am schwarzen Brett?		
Ist der Arbeitsplatz vorbereitet – eventuell mit einem Blumenstrauss oder mit einem Kugelschreiber mit persönlicher Gravur?		
Wird möglichst vieles praktisch, anschaulich, zum Anfassen, mit Personen verbunden gezeigt und vorgestellt?		
Sind Garderobe, Türe und Büroschlüssel angeschrieben?		
Nach Ankunft des neuen Mitarbeiters		
Empfangsgespräch, vielleicht mit einem Blumenstrauss verbunden.		
Vorstellung bei den engen Mitarbeitern, Rundgang im kleineren Kreis.		

Information über die Organisation des engeren Bereiches; Erklärung des Organigramms.		
Ausführliche Besprechung des Einführungsprogrammes und eventuell einiger Komponenten, die gemeinsam entschieden und geregelt werden können.		
Termin für spätere persönliche Besprechung vereinbaren.		
Information über Arbeitszeit, Kaffeepausen, wissenswerte Orte, Dienstweg, Vorschlagswesen, Landsleute usw.		
Sind die ersten Aufgaben mit Instruktionen und Abgabe an Betreuer erteilt?		
Kurze Zeit nach dem Arbeitseintritt		
Besteht Aufgaben- und Erfolgskontrolle mit Terminplan?		
Sind Arbeitszuteilung und -auslegung sinnvoll geregelt?		
Sind die Hilfsmittel vollständig vorhanden und deren Anwendung klar?		
Erkundigt man sich nach allfälligen Schwierigkeiten, fehlenden Informationen und Wünschen?		
Werden Anerkennung und Lob ausgesprochen, bekommt der neue Mitarbeiter Feedback?		
Wurde das Einführungsprogramm gemeinsam mit dem Neuen und dem Betreuer gestaltet und besprochen?		
Wird der neue Mitarbeiter um kritisches Feedback gebeten und seine Meinung zum Einführungsplan eingeholt?		
Nach ein bis zwei Wochen:		
Sind Arbeitszuteilung und -auslegung richtig?		
Sind die Hilfsmittel vollständig vorhanden?		
Habe ich die ersten Resultate gelobt oder konstruktiv kritisiert?		
Hat sie/er inzwischen eine Vorstellung des Betriebs (Organisation, Infrastruktur etc.)?		
Läuft das Einführungsprogramm planmässig, und welche Korrekturen sind allenfalls vorzunehmen?		
Sind die Mitarbeiterkontakte positiv?		
Kennt der neue Mitarbeiter die Firmenphilosophie?		
Wurde eine schriftliche Zwischenbeurteilung gemacht?		
Hat ein offenes Gespräch zwischen Mitarbeiter/in, Betreuer und Vorgesetzten stattgefunden?		

Nach 1-2 Monaten		
Wurden Fortschritte, Organisation und Auslastung erneut überprüft und verbessert?		
Wurden Anpassungen am Programm besprochen/erklärt?		
Wurde erfragt, ob die Arbeit den Vorstellungen des Neuen entspricht?		
Sind alle vertraglichen Abmachungen eingehalten?		
Sind die Mitarbeiterkontakte Teamintegration den Erwartungen entsprechend, fühlt sich der Mitarbeiter wohl?		
Wurde über Führungsstil, Ziele, Reglemente, Hausordnungen, interne Gepflogenheiten usw. informiert?		
Wurde eine Zwischenbeurteilung zu Händen des Vorgesetzten vorgenommen?		
Hat ein Gespräch mit dem Betreuer über Eindrücke und offene Fragen stattgefunden?		
Sind noch Pendenzen aus Vorstellungsgespräch offen?		
Vor Abschluss der Probezeit		
Ist die Stellenbeschreibung nach der Einführung noch aktuell und zutreffend?		
Kennt der neue Mitarbeiter seine Hauptaufgaben, Verantwortungsbereiche, Kompetenzen und Ziele?		
Entspricht die Arbeit seinen und Ihren Vorstellungen?		
Sind Erwartungen, Ziele und Leistungen erfüllt?		
Sind Weiterbildungsmassnahmen schon jetzt sinnvoll?		
Kann der neue Mitarbeiter schon selbständig arbeiten?		
Entspricht die Arbeit seinen/Ihren Vorstellungen?		
Besteht die Notwendigkeit einer Weiterbildung?		
Sind Bewerbungsunterlagen im Personaldossier?		
Hat das Team den Neuen/die Neue akzeptiert?		
Ist ein Datum für die mündliche Besprechung und das Verfassen des Probezeitberichtes schon vorgesehen?		
Bemerkungen und Kommentare:		

Kontrollblatt zur Einführung neuer Mitarbeiter

Datum:	Stellenbezeichnung:
Name/Vorname:	Stellenantritt:
Position:	Vorgänger:
Abteilung:	Vorgesetzter:

Einführungspunkt	Wer	Wann
Vorbereitung Willkommens-Aufmerksamkeiten		
Abgabe von Ausweisen und Verträgen		
Erfassung von Personaldaten		
Vorstellen der Dienstleitungen der HR-Abteilung		
Organigramm und Zielsetzungen		
Bereitstellung Arbeitsplatz mit Schreibmaterial		
Konfiguration PC und E-Mail-Adresse		
Schulung und Einführung am PC und in Software		
Betriebsrundgang und Örtlichkeiten		
Aushändigung von Reglementen u.a. Informationen		
Information Betrieb über neuen Mitarbeiter		
Porträt in der Hauszeitschrift und im Intranet		
Liste der an der Einführung beteiligten Mitarbeiter		
Vorstellen Betriebsinfrastruktur (Erste Hilfe usw.)		
Informationskanäle und Informationsangebote		
Erstellen des Einführungsplans		
Zeitplan für Feedbackgespräche/Erfolgskontrollen		
Hauptverantwortlichen für Einführung bestimmen		
Kontrolle der Massnahmen des Einführungsplanes		
Festlegen des Probezeitgesprächs		
Kennenlernen Schutzeinrichtungen/ -bestimmungen		
Informationen zu Absenzen, Adressmutation usw.		
Verpflegungsinformationen Restaurants, Jetons)		

Formular für die Probezeitbeurteilung

Datum:	Stellenbezeichnung:	
Position:	Stellenantritt:	Vorgesetzter:
Name/Vorname:		
Abteilung:	Ende Probezeit:	

Fachliche Beurteilung und Arbeitsqualität

Bewertungsskala: sehr gut +++ / gut ++ / genügend + / mangelhaft -

	+++	++	+	-
Ausprägung des Fachwissens				
Einbringung der Branchenerfahrung				
Produktivität und Arbeitstempo				
Genauigkeit und Zuverlässigkeit				
Quantitätsaspekte der Leistungserbringung				
Qualitätsaspekte der Leistungserbringung				
Ihre firmenspezifischen Anforderungen				

Kommentar:

Verhalten und Arbeitsbefähigung

	+++	++	+	-
Verhalten gegenüber Vorgesetzten und Kollegen				
Verhalten gegenüber Kunden				
Engagement und Identifikationsbereitschaft				
Teamintegration und Teamakzeptanz				
Motivation und Lernbereitschaft				
Sozialkompetenz/Kommunikationsfähigkeit				
Ihre firmenspezifischen Anforderungen				

Kommentar:

Welche generellen Stärken (in Stichworten) sprechen für ein Bestehen der Probezeit?

Probezeitentscheid

☐ bestanden	☐ nicht bestanden	☐ Probezeit verlängern

Mitarbeiter-Qualifikation insgesamt

☐ sehr gut	☐ gut	☐ genügend	☐ mangelhaft

Mit wem wird/wurde der Ausgang der Probezeit besprochen, bzw. über die Stelle informiert:

☐	Betreffende(r) Mitarbeiter	Datum:	Kommentar:
☐	Nächsthöherer Vorgesetzter	Datum:	Kommentar:
☐	Personalabteilung	Datum:	Kommentar:

Zusammenfassende Begründung für den Probezeitentscheid unter Einbezug aller Meinungen und Stellungnahmen.

Unterschrift Vorgesetzter:	Visum Personalabteilung:

Formular für einen Probezeitbericht

Datum:	
Name:	Vorname:
Stellenbezeichnung:	Eintrittsdatum:
Funktion:	
Vorgesetzter:	

Thema	Ihre Kommentare:
1. Einführung in Aufgabengebiet und Erkennen der Zusammenhänge	
Sind die Basistätigkeiten verankert, werden Zusammenhänge verstanden, ist der Beitrag zum Unternehmensziel als Ganzes auch im Kontext und im Stellenwert klar?	
2. Qualität der Arbeit und Arbeitsresultate	
Wie steht es um das Engagement, ist Sorgfaltspflicht und Detailliebe erkennbar, wird an vor- und nachgelagerte Anforderungen gedacht, sind die wichtigsten Qualitätsanforderungen bekannt, wird eine selbstständige Qualitätskontrolle auch aus Eigeninitiative vorgenommen?	
3. Produktivität und Termintreue	
Sind diese sehr gut, gut, normal oder unbefriedigend? Sind Defizite mit Erfahrung, Routine oder Schulungsmassnahmen zu beheben oder fehlen grundsätzliche Fertigkeiten und Voraussetzungen?	
4. Flexibilität und Auffassungsgabe	
Ist diese sehr schnell, gut, langsam oder unbefriedigend, ist das Abstraktionsvermögen ausgeprägt, ist bei Veränderungen oder neuen Aufgaben und Anforderungen die notwendige Flexibilität vorhanden?	

5. Verhalten im Team und gegenüber Vorgesetzten

Ist der Mitarbeitende ein Teamplayer, identifiziert er sich mit den Abteilungs- und Unternehmenszielen, ist er zuvorkommend und hilfsbereit, wird er akzeptiert, passt er in die Unternehmenskultur?

6. Beurteilung durch Vorgesetzten

Leistung, Verhalten, Arbeitsqualität, Termintreue, Entwicklungspotenzial, Stärken, Schwächen, Neigungen, Fähigkeiten, Defizite, Ambitionen und Identifikationsbereitschaft mit Aufgaben und Unternehmen.

7. Stellungnahme des Mitarbeiters zur Probezeit

Befindlichkeit, Motivation, Erfahrungen, Verbesserungsmöglichkeiten, Schulungsbedarf, Einsatz von Neigungen und Fähigkeiten, kurz- und mittelfristige Ziele, Team und Arbeitsumfeld.

Bemerkungen und Kommentare

Formular zur Probezeitbewertung

Datum:	Stellenbezeichnung:
Name:	Vorname:
Eintrittsdatum:	Ende vertragliche Probezeit:
Beurteilt durch:	
Abteilung:	Vorgänger:
Position:	Vorgesetzter:

Erwartungen und Ziele für die Probezeit

(Besprechung in der ersten Woche)

1.

2.

Erwartungen Mitarbeiter	**Erwartungen Vorgesetzter**

Besprochen am:

Visum MA	Visum VG:

Probezeitgespräch

(Besprechung in der vorletzten Woche der Probezeit)

Wie wurden die Erwartungen erfüllt?

Meinung Mitarbeiter	Meinung Vorgesetzter

Beurteilung der Arbeitsleistung bezüglich Qualität und Quantität?

Verhalten im Arbeitsumfeld Kunden, MA und Vorgesetzten

Meinung Mitarbeiter	Meinung Vorgesetzter

Anstellungsentscheid	
Definitiv:	Auflösung:
Schlussbeurteilung und Kommentar zum Entscheid:	
Datum:	
Unterschrift MA:	Unterschrift VG:

Zielvereinbarungen	
(bis zur nächsten Qualifikation)	
Qualitative Zielvereinbarungen	Termin und Kontrolle
Quantitative Zielvereinbarungen	Termin und Kontrolle
Bemerkungen	
Datum:	
Unterschrift MA:	Unterschrift VG:

Eintrittsformular

Datum:	Stellenbezeichnung:
Name:	Vorname:
Eintrittsdatum:	
Ende vertragliche Probezeit:	
Beurteilt durch:	
Abteilung:	Personalnummer:
Vorgänger:	Vorgesetzter:
Sich melden bei:	Uhrzeit:

Ankreuzen, welche Unterlagen noch *nicht* vorhanden sind.

	Im Doppel unterzeichneter Arbeitsvertrag
	Kontrolle aller Personaldaten
	AHV-Ausweis
	Personalreglement
	Exemplar Hauszeitung ausgehändigt
	Passfotos
	Bank- oder Postcheck-Konto für Lohnüberweisung
	Familienbüchlein für Kinderzulage
	Kopie Niederlassungsbewilligung
	Pensionskassenformular
	Arbeitsbewilligung

Reminder:

Bemerkungen und Sonstiges

Excel-Tools und CD-ROM

Die Excel-Tools auf CD-ROM

Diese Excel-HR-Tools leisten einen hilfreichen Beitrag zur Entscheidungsfindung, Vereinfachung, Effizienzsteigerung und Analyse wichtiger Personal-Rekrutierungsaufgaben. Damit können wichtige Entscheidungen sicherer, systematischer und anschaulicher getroffen und Massnahmen umsichtig analysiert werden. Die Tools konzentrieren sich auf das Wesentliche und enthalten Beispielseinträge. Wichtig zu wissen ist ferner, dass diese Tools sehr einfach - auch ohne besondere Excel-Kenntnisse - angepasst und verändert werden können.

Bedenken Sie zudem, dass man viele Vorlagen auch für andere Personalaufgaben anpassen und einsetzen kann. So können zum Beispiel die Rekrutierungskosten ebenso für Aus- und Weiterbildungskosten verwendet und nur die Begriffe entsprechend angepasst werden.

Sie finden diese Excel-Tools auf der CD-ROM im Ordner Exceltools unter dem jeweils nachfolgend angegebenen Dateinamen. Sie können mit der Excel-Version 2000 und höher genutzt werden.

Formulare und Arbeitshilfen

In einer separaten Word-Datei finden Sie zudem sämtliche Arbeitshilfen, Vorlagen, Formulare und Textbausteine aus dem Buch.

Anforderungsprofil

Mit diesem Tool kann einfach und schnell ein Anforderungsprofil mit bis zu 11 Positionen erstellt werden. 11 Beispielseinträge sind schon enthalten. Die Soll-Anforderungen können mit einer Skala von 1-10 definiert werden und bei Gegenüberstellung eines Kandidaten werden die Soll-Ist-Abweichungen automatisch errechnet und auch in einer Grafik dargestellt.

Dateiname: Anforderungsprofil.xls

Bewerbervergleich

Eine Grafik-Checkliste mit bis zu 15 Beurteilungskriterien für 12 Bewerber. Mit einem einfachen Verschieben von Zellenmustern hat man in fünf Minuten auf einen Blick ein Stärken-Schwächen-Profil von Bewerbern, ohne komplizierte Berechnungen ausführen zu müssen. Auch dieses Tool kann sehr einfach erweitert und an persönliche Bedürfnisse angepasst oder für weitere andere Zwecke verwendet werden.

Dateiname: Bewerbervergleich.xls

Bewerbungsdossier-Analyse

Mehrere Positionen (Begleitbrief, Lebenslauf, Dossier Erscheinungsbild) können mit einer "Note" bewertet werden. Es werden automatisch Bewertungstotale und Rangfolgen berechnet und die Komponenten in einer Grafik nach Kandidaten veranschaulicht. In einer Kommentarbox können stichwortartige Bemerkungen eingetragen werden – z.B. zur Begründung des Entscheides oder Vorgehens.

Dateiname: Bewerbungsunterlagen.xls

Stellenanzeigen-Mediaplan

Wann erscheint wo welche Anzeige in welcher Grösse und kostet wie viel? Wo wird gesucht, wie hoch sind die Kosten im Total? Diese und mehr Fragen beantwortet dieser Mediaplan, der auch zu Händen. der Geschäftsleitung, des Linienvorgesetzten und der Buchhaltung verwendet werden kann. Damit beweisen Sie systematische Planung, haben eine klare Übersicht, wissen, was wann wie wo läuft und wie hoch die Kosten sind.

Dateiname: Mediaplan.xls

Kandidatenanalyse

Bis zu sechs in die engere Wahl kommende Kandidaten können hiermit genau, umfassend und systematisch miteinander verglichen werden. Die Kriterien wie Belastbarkeit, Sozialkompetenz, Ausbildung usw. können einfach verändert werden und eine Grafik visualisiert die Beurteilung nach Kriterien und nach Kandidaten

Dateiname: Kandidatenanalyse.xls

Rekrutierungs-Kostenkontrolle

Mit diesem Tool kann man Aufträge (Anzeigen, Personalvermittlungsaufträge, Onlineschaltungen) mit Kosten eingeben, welche totalisiert und dem Gesamtbudget der Jahres-Rekrutierungskosten gegenübergestellt werden. Eine Grafik zeigt den Soll-Ist-Stand und die Abweichungen. So hat man auf einfache Weise jederzeit die Rekrutierungskosten im Griff und einen Überblick der wichtigsten Aktivitäten.

Dateiname: Rekrutierungskosten.xls

Erfolgskontrolle nach Suchkanälen

Sie schalten in jener Zeitung eine Anzeige, bei einem Onlinedienst eine andere und machen hier und dort einen Aushang. Mit diesem Tool kann man den Erfolg von Rückläufen, die Totalkosten, die Kosten pro

Bewerbung kontrollieren und hat erst noch eine ordentliche Übersicht, welche Suchaufträge wo zu welchen Kosten wie lange laufen und aktiv sind.

Dateiname: Suchkanäle.xls

Terminplan für Bewerberinterviews

Eine A4-Quertabelle mit den Positionen Datum, Uhrzeit, Dauer, Name Bewerber, Dossier-Eindruck, Ort, Teilnehmer, Bemerkungen hilft die Interviews planen und errechnet automatisch den Zeitaufwand, den Sie für alle Interviews haben, im Total.

Dateiname: Terminplan.xls

CD-ROM-Handling

Sicherungen und Anpassungen

Wir empfehlen Ihnen, von allen Vorlagen und Dateien der CD-ROM unverändert *Sicherungen* aufzubewahren, eine *Sicherung auf Ihrer Festplatte* zu erstellen und mit *einer dritten Version zu arbeiten* und diese zu verändern. Bedenken Sie, dass Sie alle Vorlagen *verändern, kürzen, erweitern und betriebsspezifisch ergänzen* können.

Personalisierung

Sie können alle Vorlagen mit Ihrem Namen und der Firmenbezeichnung versehen. *Doppelklicken Sie oben in die Kopf- und unten in die Fusszeile und tragen Sie dort Ihre individuellen Bezeichnungen ein.*

Literatur- und
Stichwortverzeichnis

Benützte und weiterführende Literatur

Autor	Titel	Verlag
Müllerschön	Bewerber professionell auswählen	Beltz
Markus Vorbeck	Ab heute bin ich Chef	Econ
Rolf Meier	30 Minuten erfolgreiche Teamarbeit	Gabal
Martin Tschumi	Arbeitshandbuch Zeugniserstellung	PRAXIUM
Martin Tschumi	Handbuch Personalmanagement	PRAXIUM
Roland Krismer	Fragen Antworten Personalmanagement	PRAXIUM
Schmitz	Mitarbeitergespräche	Redline
Marco De Micheli	Leitfaden Mitarbeitergespräche	PRAXIUM
U. Oppermann	Mitarbeiterführung	Cornelsen
E. Haberleitern	Führen, fördern, coachen	Piper
Udo Haeske	Team- und Konfliktmanagement	Cornelsen
Martin Hilb	Integriertes Personalmanagement	Luchterhand
Cyrus Achouri	Recruiting und Placement	Gabler
Peter Drucker	Die Praxis des Managements	Lindsay
Maren Lehky	Der Mitarbeiter, der zu mir passt	Eichborn
Martin Tschumi	Praxisratgeber zur Personalentwicklung	PRAXIUM
Wolfgang Jetter	Effiziente Personalauswahl	Schäffer
Bruce Tulgan	Wettlauf um die Besten	Econ
Gutmann/Karl	Mitarbeitersuche	Haufe
Gutmann/Hüsgen	Auswahl von Bewerbern	Haufe
Manfred Hablützel	Bewerber-Mustergespräche	PRAXIUM
Arthur Schneider	Mit den besten Interviewfragen...	PRAXIUM
Thomas Widmer	Mit den besten Stellenanzeigen...	PRAXIUM

Stichwortverzeichnis

Das PRAXIUM-Verlagsprogramm

Nachfolgend finden Sie einige Titel und Themen aus dem Sortiment des PRAXIUM-Verlags. Mehr Informationen und das jeweils aktuelle Programm mit Zusatzinformationen und ausführlichen Inhaltsangaben finden Sie im Internet auf unserer Verlags-Website unter **www.praxium.ch**

- Arbeitshandbuch für die Zeugniserstellung
- Bewerber - Mustergespräche für erfolgreiche Interviews
- Die 600 wichtigsten Fragen und Antworten zum Personalmanagement
- Emotionale Intelligenz im Führungsalltag
- Erfolgreich in der ersten Chefposition
- Erfolgreiches Coaching für das Personalwesen
- Fachlexikon für das Human Resource Management
- Formulare und Mustervorlagen für die erfolgreiche Personalpraxis
- Handbuch für eine aktive und systematische Mitarbeiterkommunikation
- HRM Office: Tools für das Personalwesen
- Kennzahlen-Handbuch für das Personalwesen
- Leitfaden für erfolgreiche Mitarbeitergespräche und Mitarbeiterbeurteilungen
- Praxishandbuch Mitarbeiterbefragungen
- Mit wirksamen Zielvereinbarungen zu nachhaltigen Erfolgen
- Mitarbeitergespräche erfolgreich, sicher und souverän führen
- Musterbriefe und Musterreglemente für das Personalwesen
- Mustergespräche für Mitarbeiterbeurteilung und Zielvereinbarungen
- Nachhaltige und wirksame Mitarbeitermotivation
- Praxisratgeber zur Personalentwicklung
- Ratgeber zum Schweizer Arbeitsrecht
- Sozialversicherungs-Ratgeber für die betriebliche Praxis
- Stellenbeschreibungen für die Personalpraxis
- Systematische Mitarbeiterbeurteilungen und Zielvereinbarungen
- Trennungsmanagement - fair, verantwortungsbewusst und konstruktiv
- Handbuch für ein wirksames Gehaltsmanagement
- Work-Life-Balance: Soziales Modell oder ökonomische Chance?
- Praxishandbuch flexible Arbeitszeitmodelle
- Kommunikation im Human Resource Management